前往公司的路上我絕不用跑的

趙熏熙 著
簡郁璇 譯

前言

敬，今日仍舊辛苦上班的我們

「怎麼辦，那個人昏倒了！」

上班尖峰時段，在毫無落腳之處的捷運站階梯上，一位西裝筆挺的公司職員突然雙腳發軟，全身無力地昏倒在地。目擊此景的上班族中，有人打電話給一一九，也有人完全不當回事地走了過去。而我，則是和昨天一樣，配合上班時間抵達公司入口，刷了員工證。在聽到「嗶」的機器聲之後，安心地踏入辦公室，打開電腦並登入系統，這才想起稍早前那名在上班途中昏倒的公司職員。

無數上班族不禁會慨歎──「這樣的生活是正確的嗎？」而我也同樣經過多次苦惱與擔憂，幾度辭掉了工作，但最後還是回到某公司上班。自己口口聲聲說要過著幸福的上班生活，但經歷三番兩次跳槽之後，如今才稍稍明白──一旦被公司豢養，要遞出辭呈，離開公司獨力謀生，是一件相當困難的事，所以上班族最後又會為了賺錢，重新回到公司。

還有，**反正終究都得上班，所以應該在筋疲力竭地倒下之前，自行卸下人際關係與工作帶來的重擔，打造出一點喘息的細縫，並找出工作無法填補的幸福，然後填滿它。**

就像在上班時間偷閒喝杯咖啡，我試著在那狹小的空隙填滿小確幸。希望大家在上下班的捷運上，或是用完午餐、刷完牙後，能藉由閱讀這本書，獲得一丁點的安慰。要是能讓大家因此明白，在不起眼之處，仍有能讓我們在公司支撐下去的事物，目前也仍有需要上班的理由，那我就別無所求了。

目錄

contents

PROJECT Ⅱ

比起工作更令自己感到煎熬的是人際關係

PROJECT Ⅲ

是職場還是劇場？電影中的情節不斷上演

PROJECT Ⅳ

會議和報告，真的一點也不難

PROJECT Ⅴ
只有在下班後才看得見的事情

PROJECT Ⅵ

大家都是如何從工作中找到幸福？

PROJECT Ⅰ

前往公司的路上我絕對不用跑的

千圓（約五百元）。再把它以一分鐘為單位去計算，等於一分鐘賺了三百六十圓（約八元）。甚至你什麼都不用做，只要靜靜地盯著螢幕，公司每三分鐘就會支付你一千圓（約二十三元）。

而從公司的立場來看，花在你身上的費用要比三分鐘一千圓還多上許多。除了實領薪資之外，公司還得負擔你的健康保險、國民年金等各大保險費，你屁股坐的椅子、辦公桌、電腦、多功能事務機的費用，以及由公司採購即將送達你家的佳節賀禮。此外，雖然站在員工的立場上可能看不太到，但你的工作區域所占據的面積也衍生了金額不小的租賃費用。如果還要講得更細，你在公司的洗手間上完大號後沖水的水費、免治馬桶裝設費用，還有為了使你的排泄物分解，投入大樓化糞池的殺菌劑費用，最後還要加上管理階層的人事費用，把因你衍生，但你想像不到的各種費用全數加起來，公司在你身上花了至少比你的實領薪資多出兩、三倍的費用。

也就是說，**你可能會為了從公司得到的太少而痛苦，但反過來說，公司也可能會為了給你太多而痛苦**。站在接受者的立場上，會不斷發牢騷說不想去公司，但反過來想，以給予者的立場去衡量，又會覺得社長真是寬宏大量、耐心過人。換作是你，你能每三分鐘就給不熟的人一千圓嗎？只要這麼想，你就會心懷愧疚地在星期一乖乖上班去。假如我是社長，在像我這樣的員工身上投入這麼多費用，結果那名員工卻在所有人面前大咧咧地說「我不想上班」或「我們公司的某某部份做得不夠好」，我應該會對他說：「既然你都這麼清楚，那明天就不必來了吧。」

待辦事項#02

試著從捷運車廂的廣告單估算自我身價

「每個月包你進帳六十萬圓租金收益！」

前往公司的捷運列車上，博愛座上方廣告看板的高度恰好與我的視線平行。廣告看板上到處貼著傳單，彷彿在哀求我趕快將它們撕下似的，僅憑著如同快斷線風箏似的膠帶貼著，險象環生地掛在半空中。它們就像我那每天岌岌可危的職場生活般吃力地抓著，而就在我猛然撕下那張傳單的瞬間，我覺得自己就算不去公司上班，只要靜靜地坐著，每個月也會固定有六十萬圓跑進我的戶頭。當我看著傳單做白日夢的同時，我手已經不由自主地按下了傳單上的電話號碼。

為了要能不必工作，每個月還能固定收到別人給的錢，不僅需要投資金、貸款，還要承受投資金可能化為烏有的風險。我算了一下租金收益率，如果我投資一億圓，理想狀況下每個月能領到三十萬圓左右的租金。當然我可以透過貸款帶來的槓桿效果來減少投入費用並提高收益率，但相對我就必須承擔增加的風險。閒置空間、貸款、信用、滯納、價格下跌……等，但傳單並不會告知我們伴隨著租金收益而來的各種風險，所以我重新回到現實，試著尋找目前最佳的安全理財之道。

一般銀行的存款利率幾乎是趨近於零，所以就不談了，我找了一下利率最高的儲蓄方案，一年下來也不到千分之二。如果我投資一億圓，就能領到十五萬圓左右的利息。我很不屑地邊想邊笑：「就算放了一億圓，也賺不到什麼錢嘛」，接著又鑽進了「別說是一億圓了，我現在口袋連一百萬圓都沒有」的現實處境。我把大感挫敗的自己暫時拋到腦後，開始反過來計算我那看起來很微薄的月薪。我先假設自己每個月領到三百萬圓的薪資，再把每個月能收到的三十萬圓租金所需的投資金額設為一億圓，接著往回推算自己的價值。經過計算，令人吃驚的是，身為月領三百萬圓薪水的上班族，我竟然擁有十億豪宅的身價。不僅如此，若以每月三百萬圓的存款戶頭來看，我等同於一個足足存有二十億圓現金的戶頭。相較於我的認知，我的價值算是相當高，而我所領的薪水，只要我不被公司炒魷魚，也不會有哪個月少領或沒領到，是每個月都能固定領取的穩定收入。況且風險也很小，很難找到比上班領到的薪水更好的投資，而能創造這種收益的自己也顯得無比珍貴。

上班族想要藉由兼差或投資，每個月在薪水之外多賺幾十萬圓是很正常的，所以都會在上班時間偷偷看股票，或者趁下班時去當代駕司機。**可是靠其他手段所賺取的收入很難比薪水高，所以對我們這些上班族小蝦米來說，專注在工作上才是對身心都輕鬆的理財之路**。因為兼差做得越多，不僅會影響到正職，也會逐漸失去與家人相處的時間和自己的休閒時間。反正，既然判斷自己非得上班不可，那麼趁空閒時透過加強自我技能，提高能在目前公司領到的薪水，又或者如果不想這麼做，就跳槽到能支付你更高薪水的公司。從客觀角度來看，這才是收益率更高、風險更低的正確投資。為了能毫不吝惜地投資如此尊貴的自己，下班的路上買一本書、點一份炸雞給自己吧，畢竟我們可是明天又得辛苦上班的珍貴上班族。

待辦事項#03

當覺得薪水少得可憐，而感到痛苦不已時

「咦，薪水早上明明才入帳了，但都跑哪去了？」

今天，薪水也輕盈地與上班族的戶頭擦身而過了。包括汽車的分期貸款、手機費、公寓房租與管理費，還有衝動購買○○○的六個月零利息卡費，它們彷彿蒙古成吉思汗的鐵騎部隊，只要戶頭出現了能趁機敲詐的財物，就會迫不及待地迅速滲透，進行掠奪，不留一點痕跡。明知如此，但隔天早上我仍會為自己買一杯咖啡，習慣性地掏出信用卡，而發薪日對天發誓再也不花錢的決心，則是早已四分五裂、蕩然無存。最後，我放棄要少花點錢這件事，轉而懷抱薪水不知何時才會漲的期待，繼續苦苦守候月薪入帳的那天。

大學時期，一個月手頭上只要有個三十萬圓左右，朋友們就會當你是「神」。因為只要亮出張萬圓鈔票，就能一整天盡情享用看不出裡頭包什麼的煎餅、不知道已經回鍋幾次的炸物，最後再來一碗杯麵，加上三、四瓶燒酒，讓學長、學弟、同學的臉上全都掛著

幸福的笑容。當我還是新人菜鳥時，第一次領到薪水的那天，我高興得簡直要飛上了天。我不敢相信竟然能用自己賺的錢買肉來吃。不論是哪種肉，都是在大企業任職、出人頭地的前輩，西裝筆挺地回到母校請大家吃，不然就是像父母那種真正的大人才會請我們吃的食材。我一邊吃著肉，一邊為能像前輩或父母一樣，用自己賺的錢享受美食的事實感動不已，甚至還做了自己都羞於啟齒、不切實際的想像——要是我鴻運當頭、從此平步青雲，到了三十歲，我會不會成為高薪階層，住在有整面盡覽漢江景致的落地窗的大樓，晚上還能以夜景當作下酒菜，愜意地享受一杯紅酒呢？

在職場打滾多年，如今對工作也算是得心應手，職位也升了好幾階。**現在賺的錢要比大學時期、新人時期多上幾倍，但很奇怪的是，現在的我卻比起當年更加貧困。不僅如此，金錢所帶來的幸福感也減少了，實際上也存不了幾毛錢**。我老是覺得薪水不夠，所以到處探頭探腦，看哪裡有不錯的兼職工作或理財方案。我也曾經想過要不要趁下班後去當代駕司機，但好死不死，就在我打開網路，發現朋友的公司年薪比我更高之後，不免一臉沮喪地哀聲嘆氣起來。

要是你像我一樣，覺得自己的薪水少得可憐，為此感到痛苦不已時，不如就按照以下思維去想，撫慰一下失落的心吧。

我們從數學的角度去衡量金錢的多寡吧。錢太少時可以用「零圓」這個數字明確地表示出來，但表現錢多的數字卻很模糊。因為數字不僅可以無限大，而且每個人對於「多」的標準也不同，所以我們才會很容易覺得「少」。我也一樣，關於自己擁有的金錢數字，我的標準也和他人不同，所以很難感覺到自己是富裕的。**當錢越接近「零圓」時，感覺自己一無所有的不安感就越深，相反的，就算錢再多，也看不見數字的盡頭，因此無法產生任何滿足感**。最後，我很容易從戶頭看到、感覺到的，就只有映入眼簾的「零圓」所帶來的痛苦與貧困而已。

實際上，我在工作上碰到的多數有錢人，都不認為自己是有錢人。就算按照我的標準，他們已經擁有了就算一輩子不工作也能過上好生活的財富，但他們卻經常把「錢不夠，還得再多賺一點」掛在嘴邊。不僅如此，坐擁數十億的有錢人羨慕坐擁數百億的有錢人，坐擁數百億的有錢人又欣羨坐擁數千億的有錢人。在這條你羨慕我、我羨慕他的食物鏈上是看不到頂點的，甚至那些有錢人還認為自己是位處食物鏈的最底層，拚死拚活地才賺到錢。

包含我在內的上班族都一樣，儘管明知在我們生活的世界上，有著就連吃上一餐都有困難，在極度窮困中奮力掙扎的人，但我們仍老是抱怨擁有的太少。到頭來，無論是上班族或企業家，只要無法自我滿足，欲望就會隨著看不到盡頭的數字而無止盡，以致最後總是感到匱乏，難以滿足。

我反省自己的想法太過狹隘，才會使身心都成了貧民，同時為了買平時就很想入手的限定版高檔皮包給不幸的自己，我前去銀行開通了負存摺[3]。當我興高采烈地刷了卡，戶頭也開始出現負數，跨越了「零圓」之後，如今我已無從得知「少」的盡頭在何處。還有，隨著時間持續增長的負數赤字，更在我身上施展了複利的魔法。如今我明白了，過去印在我戶頭上的「零圓」是多麼豐足的數字。

待辦事項#04

前往公司的路上我絕不用跑的

「月台門開啟，嗶～」

在捷運站響起的廣播猶如宣告百米競賽開跑的槍聲，無數上班族越過名為階梯的跨欄，開始衝向位於終點的捷運車廂出入口。「砰」，就在車廂的門隨著賽馬場的鳴槍聲開啟的瞬間，猶如賽馬般被遮住左、右視野，只看得到前面的人們，就像是與悠哉走著的我有仇似的，猛力撞擊我的肩膀與背包，向前奔去。等到他們運用雙臂和雙肩使勁擠進捷運之後，又會用全身的力量阻擋，避免後面再有人試圖上車。每當到了早上的通勤時段，眼前就會上演相同的戲碼，沒有一天例外。

就算眼見捷運即將要開走，我也絕對不用跑的。原因很簡單，假如我全力衝刺卻沒有

3 銀行辦理的貸款商品之一，開通帳戶之後，會先設定額度，之後就可隨時獲得貸款。

趕上捷運，就會覺得自己吃了大虧。吃虧也就罷了，但問題出在我真的很討厭竭盡全力卻無法成功的落敗感。還有，如果不小心在奔跑的途中摔在階梯上，我的雙腿肯定會無法支撐全身的重量，應聲骨折。就算我跑得很勤奮，最後順利搭上了捷運，也只會覺得「反正只是早兩分鐘搭上非搭不可的捷運嘛」，絕對不會產生「我跑得很認真，最後才能提早足足兩分鐘抵達公司，真的好幸福啊！」的成就感。換句話說，用跑的並不會為我帶來什麼太大的好處。

相反的，假如我沒有用跑的，捷運的門卻很晚才關上，因此很幸運地搭上捷運，就會覺得自己賺到了，而且還會產生「感覺今天會很好運哦！」這種毫無根據的自信感。就算因為沒有用跑的，以致錯過捷運，只要心想：「反正我是用走的，錯過是當然的。」就不會覺得自己吃了虧。**沒有人可以保證，聽到槍響之後，當大家都在跑，我也跟著跑就能獲得幸福。因為我們的人生並非賽跑，只要率先抵達終點線，就能獲得更多的幸福作為報酬**。聽到響亮的槍聲之後，大家也可能會一時嚇到失神，不過上班族的人生絕對不是率先抵達終點線就能得到幸福。再說，壓根就沒人知道終點線在哪裡。

我不用跑的，搭捷運時也不會硬擠上車，就算搭上捷運，也不會故意去推擠他人。捷運又不是我家開的，我也沒有比別人多付錢，在每個人都支付相同的票價搭乘的捷運上，沒有理由耗費我的力氣，讓別人上不了車。這班捷運走了，下班捷運也會到來，無論搭乘哪條路線，我要前往的方向都相同。要是不小心錯過捷運，導致我上班遲到五分鐘，那下次就提早五分鐘出門，不要遲到就行了。特別是碰到下雨天，上下班搭乘捷運時，不要使盡全身吃奶的力量死命推擠，而是乾脆豁達地把身體交給其他乘客，反而還會覺得自己彷彿搖身成了在演唱會上把身體拋向觀眾的當紅搖滾巨星。當你放下自己固執的身軀，隨著人潮上下車，不必耗費半點力氣，也能靠著其他路線轉乘抵達。

職場生活也和上下班人滿為患的捷運相似。明知有下班列車，也可以搭乘其他交通工具，但我們依然每天為了搭上相同的捷運，一心看著前方奔馳。即便公司不屬於我，但我仍為了擴大自己的領地，不惜推開他人，同時擔心自己會不會被擠掉而竭盡全力、咬牙苦撐。無論是公司的工作或捷運，只要冷靜沉著地用走的，就能減少迷失方向的機率，也不必每天走相同的路，而是試著走別條路徑，找到更快抵達的方法。既然目的地都相同，也不見得要和隔壁的人一樣非搭捷運不可嘛。有時，搭公車或計程車要比搭捷運舒適，而且能更快抵達目的地。

「既然我用跑的，你也要用跑的！」

「你只要聽命行事，把吩咐的事做好就行了！」

「你為什麼處理工作的速度比別人慢？」

「你為什麼老是跟我唱反調，不按照我的指示去做？」

在這種文化中工作，我們雖然能匆忙地趕上捷運，卻沒辦法幸福地搭乘捷運。甚至如果領導者是抱持這種心態，一不小心就會害得全體員工都搭上反方向的捷運。要是你過去都只搭捷運，堅持非得搭捷運不可，你可能會持續看著捷運窗外黑漆漆的牆面，而認為世界是黑暗的。所以，今天我也一邊看著無數撞到我之後向前奔去的上班族背影，一邊東張西望，慢悠悠地踏入捷運車廂。

待辦事項#05

你的夢想是什麼？

「你的夢想是什麼？」

偶爾我會向周圍的人提問。說是周圍的人，其實也就只是身穿白襯衫、打上領帶，跟我一樣的上班族罷了。他們都會用像是「問這要幹麼？」的不耐煩的語氣回答我：

「當然是賺大錢啊！只要有幾億圓，我就立刻辭職。」

不然就是一臉厭世地邊嘆氣邊回答：

「光是要討生活就快忙死了，你還有閒情逸致談什麼夢想，看來是吃飽太閒吧？最近過很爽喔？」

他們虛應一下故事之後，轉而問我：

「反正你不也是為了賺錢才上班的嗎？上班族能有什麼夢想？」

碰到這種情況，我都會笑著這樣回答，而對方則會猛然大吃一驚，並露出「抱歉，我過去錯怪你了」的表情。

「我只要有這些薪水就足夠了。」

我能夠如此回答的原因有三。

第一，天上不可能突然掉下數億圓。以我的能力，能過上目前的生活，是因為我盡力了。如果為了多賺錢，下班之後去當代駕司機，想必一天能多賺個幾萬圓，可是卻可能失去家庭與健康。

第二，我想了一下，如果擁有更多錢，我能做些什麼。我可以搭乘飛機到國外旅行並在高檔飯店度假、搬到坪數更大的新大樓去住、入手夢想搭乘一次的時髦汽車等。可是，以我一介市井小民的眼光來看，這些奢侈的東西只有頭一兩天會讓人彷彿置身雲端，之後要管理或維修就會很麻煩。那就像新婚旅行時在高檔餐廳享用一輩子都沒見過的山珍海味，可是在記憶中最美味的，卻是回到飯店之後，用電熱水壺煮水泡開、在韓國時每天吃的杯麵。如果能免費拿到的好康，人自然會欣喜若狂地跑去領取，甚至連鞋子都忘了穿，但依照我們過去的經驗，「現實」這傢伙絕對不可能這麼仁慈。

第三，我和家人們沒有得什麼重病，也沒有被捲入各種法律糾紛。而這是因為我周圍沒有經營大型建商公司、從政、搞藝術、投資新興事業等需要大筆資金的人。而且，我身邊也沒有擁有過人膽識、強烈生存意志與能力，足以幹出這些大事的人。周圍的人和我半斤八兩，都只是微不足道的小咖。

把這三種原因列出來之後，我再次為自己平凡寧靜的現實生活心懷感激。

最近我的夢想多半都介於現實與非現實之間。若按照順序排列，其中包括了能與大眾分享故事的寫作；搭捷運到我一直很好奇，卻不曾去過的每一個站看看；一天拜訪一個儲存在手機聯絡人清單，過去卻不曾聯繫的人；成為舞台劇演員或搞笑藝人，在大學路演出；邊演奏小提琴或彈吉他，邊吹口琴；在能眺望遠山的船上飲酒等，多半都是就連我都覺得傻眼的夢想。

與其去買壓根就不會中獎的彩券，妄想「要是我有了這筆錢，該做什麼才好？」不如允許自己做夢，思考你現在想做的事、明天想嘗試的事，還有基於現實考量無法實踐的事。如此一來，你就能變得幸福。當然，你可能會問，又不可能實現，幹麼還要作夢？那麼，你的夢想並不是無法實現，是因為你連試都沒有去試。要是你一輩子都沒嘗試就掛了，到時必定會後悔莫及，所以就試著一步一步去做吧。

錢是別人打造出來的，也是別人給我的，假如我的夢想是錢，那它可能不是我的夢想，而是其他人創造出來的夢想。每天去編織屬於自己的夢想吧。就算有些荒誕無稽，但假如夢想有萬分之一的機會實現了，不覺得連實現的過程都令人幸福洋溢嗎？

待辦事項#06

在捷運上學到的經營避險絕招

「下一站是宣陵站，宣陵站，您要下車的門在……」

只要再一站就到公司了。我目前已經算是很早去上班的了，但今天我想比任何人都早到公司。我的內心焦急不已，導致腳趾頭發麻，甚至整個人沒辦法站穩。雖然頭髮已經被冷汗弄得濕答答的，汗水也不停往下滴，但我卻沒辦法伸手去擦。我運用拉梅茲呼吸法來調整急促的呼吸，同時緊緊抓住門邊的不鏽鋼把手，費力地站著。

雖然很想趁「月台門即將開啟」的廣播尚未播畢之前，就不管三七二十一地狂奔出去，跑上階梯，但又擔心雙腿無力，所以也不敢亂跑。我弓著身子勉強地跨出一步又一步，總算抵達了公司大樓。換作是平常，我就會跟一樓大廳的員工打招呼，但眼下我卻沒辦法笑著跟他們寒暄。最後，我也沒能撐到搭上電梯。幸好，一樓的洗手間是開放的，直到我好不容易坐在馬桶上，才總算能安心地鬆口氣。

之所以上演這種宛如戰事告急般的戲碼，是因為我的「腸躁症」發作了。雖然我想不起來自己究竟是什麼時候開始有這個毛病的，但若要論究它的源頭，大概會是在我剛進小學的時候吧。當年在學校上大號是一件會遭眾人恥笑的事，要是真的碰上了，就等同於是在宣告「我明天不去學校了」，所以我經常會跑去學校旁的教會上洗手間。教會的洗手間向來都是開放的，每次我去的時候，就會暗自發誓以後會當個善良的孩子，並發自內心感謝耶穌，因為祂總是慈悲地寬恕我的過失。

問題是出在我上國中的時候。我就讀的國中，必須搭乘四十分鐘公車才能抵達。雖然有校車可搭，但我入學後只搭了一個月，原因就在於如果在校車上碰到肚子痛的情況，我就無計可施了。因為早上的校車就只有上車的人，萬一肚子痛必須下車，我百分之百會成為眾人恥笑的對象。最後，國中整整三年，我都沒搭能輕鬆上學的校車，而是搭乘無論何時何地都能自由上下車的公車。

為了善加利用市區公車，腸躁症患者必須徹底掌握行經站牌周圍建築物的洗手間位置，尤其是大清早商家大樓的洗手間通常是上鎖的，因此關鍵就在於掌握上班族可能已經開始上班的辦公大樓在哪。直到高中為止，多虧了上學途中那些大樓洗手間的協助，我才得以平安無事地畢業，幸好也考上了搭捷運就能抵達的大學。

從大學開始，我稍稍擺脫了這種危機感。因為捷運站大部分都設有洗手間，所以碰到肚子痛時，只要中途下車就能輕鬆解決。最棒的一點，就在於上完洗手間之後，就算遲到了也不會挨誰的罵。因為每位學生上課的時間都不同，根本沒人好奇誰為什麼會遲到。當兵時也沒有發生我事前很擔憂的情況，很順利地就退伍了。不知是幸或是不幸，我被分配到平民管制區，而在這個區域內，我腳下的每一吋土地都是隨時能蹲下來解放的洗手間。唯一要注意的，不是他人的眼光，而是不會開口說話的野豬襲擊，以及鐵絲網內的地雷。

為了戰勝我長年來的隱疾，我想出了各種風險管控計畫。現在就讓我來介紹一下，搭捷運上班的途中，碰上危機的訊號時的因應之道。

第一，回顧過去經驗，確認我的大腸機能與極限。假設前一天和平常吃得差不多，那麼就算碰到肚子痛，我至少也還能撐到抵達公司。可是，假如和平常吃得不一樣，是吃魚貝類、油膩的食物且種類繁多的話，我的大腸就會感到驚慌失措，避險能力也會顯著下降，這樣就很危險。

第二，估算中途下車會不會遲到。中途下車，從月台往返洗手間需要五分鐘，使用洗手間需要十分鐘，預估可能需要排隊五分鐘，所以要預留二十分鐘才行。實際上，只要在上班時間去過捷運站的洗手間，就會目擊許多和我同病相憐的上班族在規避風險。

第三，經過時間計算的結果，如果覺得會遲到，就必須分析此刻排便風險所造成的機會成本。也就是說，假設我一天賺的日薪是十萬圓左右，反過來推算要不要為了十萬圓，現在立刻讓風險在褲子內爆發。雖然這種想像有點髒，但如此分析之後，就能做出「此時此刻，規避風險要比賺錢更重要」的結論。總而言之，如果能在某種程度上進行預測，就趁超大型風險在內部爆發之前，趕緊下捷運，到洗手間去降低此刻的風險，才是有益於身心健康之道。假如很悲傷的，你恰好和我是同病相憐之人，那麼，只要每天早上提少半小時上班，就能隨時輕鬆規避風險了。

不幸的是，在公司核決專案也跟前面說的排便風險規避相似。當我們判斷要不要在公司進行某件事時，經常只看未來的收益就進行判斷，不然就是以過去的業績為基礎做出決定。尤其是眼前只有你才清楚的內部隱性風險，不可能會被他人看見或估算進去，因此除了你之外的人很難察覺。**假如你的肚子有你才能感覺到的風險，而它又有爆發的潛在危險性時，管它是過去還是未來，火速從名為專案的捷運車廂下車才是正解**。唯有如此，你才能阻止超大型慘事發生，輕鬆自在地搭乘下班列車。就算這次中途下車，也無須太過憂心；就算稍微遲到了，被主管臭罵一頓，也不必感到挫敗。可以保證的是，捷運和機會同樣很快就會到來。

待辦事項#07

第三名的人生

「不管你再怎麼努力都只是第三名，所以往後你的綽號就叫做『第三名』。」

學生時代，老師替成績只求得過且過、人際關係也普普通通的我取了「第三名」的綽號。無論是考試或賽跑，我都希望能拿到第一名，可是不管我再怎麼努力就是無法，我又有什麼辦法？當然我也想當班長，也想嚐嚐當會長是什麼滋味，可是無論什麼事情，我都是介於比上不足、比下有餘的水準，而且學生時代一次也沒戴過名為班長或會長的烏紗帽。沒能當上班長的故事插曲也多到說不完。有一次我在同學的提名下參加競選，可是令人吃驚的是，我並不是以一票之差落選，而是因為只獲得一張票而落選。而且，那張票還是我投下的珍貴的一票。我覺得超級傻眼，所以就問了提名我的朋友。

「既然你提名我，為什麼不投給我？」

「我想了一下，覺得你當不了好班長，所以就沒投了。不過你投給自己，不覺得真的很好笑嗎？」

同學們頓時哄堂大笑，而我娛樂大家的本事獲得肯定，雖然沒當上班長，卻當上康樂股長。

沒當上班長的第二個故事就更絕了，因為這次是真的以一票之差落選。而且，還是因為那張票是廢票才沒選上。歸咎禍根，是有人在投票紙上寫上「中國人」，而不是寫我的名字。就算我長得像中國人，名字也不叫「中國人」，所以這張票成了廢票。這一天，我的長相獲得了大家的肯定，因此我成了每次要上選為第二外語的中文課時，必須提前準備播放器材與掛圖的小科長。

回顧過往，沒拿到第一名的那一刻很煎熬，可是不知從何時開始，我把這件事當成了家常便飯，當大家都在喊第一名時，我卻始終用「我只適合第三名」來安慰自己。儘管大人物說的「眼光放遠，才能成就大事」也有它的道理，但第三名只不過沒第一名那麼亮眼罷了，並不是做得不好，所以基本上我還是很心滿意足。當第一個到公司上班，比別人早開始上工的人不少，也有人每到了年末就以令人刮目相看的成果，得到公司年度員工的表揚。**說實話，我也想當第一名，但已經習慣第三名的腦袋引擎卻嗤之以鼻地說：「別為了想當第一名，而累垮了自己，還是順順地當個第三名就好吧。」**把這件事拋到腦後。要有第三名，才會有第一名、第二名的存在，因此不怎麼起眼的第三名職場生活，倒也勉勉強強、馬馬虎虎，還過得去啦。

待辦事項#08

就算不在眼前，也能看見的美麗世界

「沒有數字，看不到，這個是16，這是3，看不到。」

小學一年級做身體健康檢查時，老師指著色盲測試本要我說出數字，我卻沒辦法讀出來，因此，我成了生活紀錄簿上「不正常」的孩子。那一年的寒假，我爸買了色盲測試本回來，把每一頁都讀給我聽，並且對我說：

「來，看好了，從現在開始，如果你的眼睛看到3，它其實是8。只要這樣背，不管你去哪裡，都不會聽到別人說你不正常。」

於是，我就這樣過起了就算眼睛看到3，卻必須回答8，記錄上顯示我是「正常人」的不正常人生。我雖然看不到綻放的山茶花在哪裡、山中哪邊的楓葉轉紅了，但我卻說花很美，也透過社會化學習到五顏六色的楓葉很美。我好不容易考到了駕照，也順利當完了兵。當然，每次到了射擊時間，我根本就看不到從山林中蹦出來的綠色標靶，接受訓練時，也無法區分在空中炸開的信號彈顏色，因此過了一段非常痛苦的日子。退伍並進入社會之後，幸好我靠著小時候父親教我的「把3讀成8」的偷吃步訣竅，通過了身體健康檢查，成了平凡的上班族。也因此，今天我才會帶著向前傾的烏龜頸症頭，坐在電腦前面工作。

有一次，某名同事用 Excel 製作了表格，但全部都用同一個顏色，所以我就找他過來並質問：

「金代理，你怎麼都用同一個顏色，這樣是要怎麼區分？」

「呃……這全部都是不同顏色耶。」

我對後輩感到很抱歉，所以重做了自己能看清楚的版本，接著向組長報告，結果組長瞪大眼睛說：

「Excel 的顏色怎麼這麼俗氣？紅、黃、藍，這到底是在搞什麼？」

不知道從何時開始，我養成了一些生活智慧，所以要區分 Excel 的顏色時，就用陰影去表示，開車時也依照紅綠燈的亮燈順序去判斷。用這種方式生活，就算看起來有別於他人，也能過得跟別人差不多。**小時候父親買給我的色盲測試本是有答案的，但在沒有答案的社會上，生活智慧就是答案**。

也許就像我看不到某個世界，當別人在看相同的世界時，也會看成各自不同的世界。

我稱讚漂亮的東西，有可能是別人看了很討厭的東西。我的內心向來都有這種想法，所以當別人問我意見，或者是否同意他的意見時，我就會不帶任何色彩，回答：「確實可以這樣解讀呢。」基於這個理由，我不太會跟大家爭論或起口角，也不會率先說出一番頭頭是道的話來。無論何時何地，也不管對象是誰，畢竟我所看、所想的世界都可能會不同，因此聽到反面的意見時，我都會說出平淡的一句「確實是這樣呢！」直接認同對方。

從小到大都把3說成8的我，有時也會感到鬱悶，可是，如果我按照自己見到的把8說成3，在他人眼中8依然是8，不會變成3。這樣一想，對我們來說3是對的，8也是對的。如果大家都用色盲的眼光去看，這個世界就能成為不必區分正常與不正常的美麗世界了吧？

PROJECT II

比起工作更令自己感到煎熬的是人際關係

待辦事項#01

在備受壓迫的公司內的勞方求生術

「公司內以職權霸凌的現象太嚴重了，我不知道自己為什麼要在這種公司上班，搞得我的自尊感低落，覺得好氣憤，又想痛哭一場。」

一個後輩員工語帶哽咽地說。覺得深受侮辱的他，彷彿一條失去主人之後沒飯吃，還被大雨淋成落湯雞的小狗般抖個不停。

當兩個人在社會或組織內遇見彼此，其中一個會變成掌權者，另一個就是無權者。如果是三個人以上，就會有掌權者、無權者，最後一個則會靠攏掌權者，不然就是另一個無權者。俗話說，負責奴役奴隸的不是貴族，而是二地主，大部分仗勢欺人的問題，也不是由掌權者造成，而是像二地主一樣裝成掌權者的無權者造成。他們通常被稱為交易方、顧客、客戶、管理者、高層幹部，當被當成下人的無權者犯下過錯，這些人就會向他興師問罪，要求他付出相對應的代價，行使所謂的「席裹杖刑」等仗勢欺人之舉，並樂此不疲。

多虧了這些忠誠的二地主，貴族才得以保住敦厚大善人的形象。至於一無所知的奴隸，則是對二地主充滿怨恨，對偶爾施予善意的貴族心中敬仰，甚至對其讚譽有加。這就與上班族痛恨身為管理者的組長或高層幹部，卻對位居高位的社長或會長充滿尊敬是一樣的。

認真追究起來，**大部分仗勢欺人的人，都不是真正的掌權者。要求賠償的顧客、工作專長是退件的管理者，都誤以為自己是掌權者，但其實所有人都是無權者**。說得更準確些，就是假裝成掌權者的無權者。光是聽到他們並不是真正的掌權者，不覺得就很能安慰人嗎？

當然了，持有生產手段、權力至高無上，又能以勞動法規之名解僱任何人的掌權之神也是存在的。可是，他們也同樣無法時時刻刻都當掌權者。舉個簡單的例子，當他們必須在公廁解決肚子痛的問題，卻發現沒有衛生紙時，當下就不得不成為無權者。換句話說，世上沒有永遠的掌權者，根據狀況，任何人隨時都可能成為掌權者，而無權者也可能成為掌權者。那些仗勢欺人的人都心知肚明，在其他情況下，自己也可能成為無權者，所以才會在自己能作威作福的時候那麼囂張吧？無論是職場或社會，我們生活的地方，都不過是沒有永遠的掌權者與無權者的小小蓮花池罷了。

識了客戶與大人物。無論去哪間公司，都一定會有未察覺這背後的深意，只會腦袋空空、毫無長進提著公事包走來走去，在公司安享天年的人，所以你也別太有罪惡感。因為呢，這些人之所以能長年存活下來，不被他人注意到，都是有他們的看家本領的。只不過很可惜的是，這種專業能力並非江湖上的正道，所以無法輕易外傳。

在職場生活中碰到自尊感低落時，就應該「喔喔[1]」兩聲，心想道：「這次還算是簡單的，總有一天它會對我有幫助吧？」被交付困難的任務，以致工作超過負荷時，也要「喔喔」兩聲，心想道：「終於被肯定了，這次會成為很棒的經驗吧？」**如此一來，當公司交代你做任何事時，你都能不以為意地面對，在職場上混得長長久久。**無論是知情或不知情，每件事都有它的用意，因此任意判斷情況或者過度鑽牛角尖，就可能會累垮自己。

待辦事項#03

被人用言語攻擊時的應對方法

「比起工作，公司裡的人際關係更累人。」今天，上班族之間也以各種言語互相傷害彼此。受傷的我們痛苦地想著：「那個人為什麼要這樣對我？那又不是我的錯。」我們對自己提出這個追根究柢的問題，又為了遍尋不著答案而再次陷入痛苦。

「他到底為什麼那樣做？」偶爾看新聞時，會看到言行舉止令人匪夷所思的政治人物、宗教人物或企業家等。讓人詫異的是，他們多半出生也成長於富裕的家庭，畢業於名聲響亮的大學，甚至通過各種國家考試，是我完全難以企及的社會菁英。照這樣看來，他們並不是理解力明顯比我差，或者是出自對某人的怨恨，才出現那些言行舉止。

1 指當聽了別人講述的事情之後虛應或假裝糊塗應對。

「沒有啦，想說您的年薪也比我高，很好奇您都花在哪裡。」

「你幹麼好奇我把錢花在哪裡？你最近有夠奇怪。繳完孩子的學費、生活費和利息就沒了，怎樣？」

「您領那麼多，還是不夠喔？」

「我是說，我要把錢花在哪裡，干你屁事啊！」

經過多次實驗的結果，可知組長也認為自己經常問的那些問題有點怪。那麼，為什麼組長會好奇組員的私生活呢？經過我在辦公室長時間的實驗與研究結果，他們之所以好奇別人的私生活，單純是因為年輕人的生活看起來很光鮮亮麗。就像我們一邊瀏覽網路，一邊好奇明星的私生活，他們只是好奇「青春洋溢的年輕人最近都過什麼樣的生活」罷了。組長並不像自己口中說的，真的是不想讓我休假或下班。既然組長不是別有居心，年輕人也無須對組長的干涉或提問感到有負擔。**只要把重要的工作交接好，就不必太過在意，趁能去休假的時候就儘管去吧。無論是休假或下班，與薪水一樣都是勞動的報酬，因此根本沒必要去問為什麼。**

就像發薪日來臨時，組員不會跑去找組長，問他說：「為什麼給我薪水？我要把它用在哪裡？」一樣，組長也別在組員請假時詢問「你為什麼休假？」吧。休假和下班都是國家保障的權利，假如某人企圖剝奪此權利，他就必須先思考自己的地位是否高於國家再採取行動。假如你是組織中的管理者，而你的權限又高於國家的話，那你就必須明白，這並不是透過情誼與尊重在治理成員，而是透過恐懼在進行獨裁。經實驗結果，我們所有人都明確知道自己擁有的權限和責任範圍，同時也可得知，唯有彼此保持適當距離，所有人才能過上幸福的日子。

待辦事項#06

為什麼職場上總是會有討厭的人

「到底公司裡為什麼會有那種人？」

我就像被裝在密封容器內徹底發酵的泡菜般，今天我的密封蓋也處於即將爆炸的前一刻。就像蓋子被硬壓之後關上後，依然有泡菜的湯汁咕嚕咕嚕滾沸似的，我的血液也跟著沸騰不止。雖然我整個人已經快爆炸了，但因為此時連趕工作的時間都不夠了，所以今天中午我只能很無奈地吃員工餐廳的供餐。員工餐廳的供餐毫無選擇餘地，而熱湯與小菜，就像是被漫不經心地扔到我面前。天氣這麼好，真想到外頭和我喜歡的人們一起享用我喜歡的食物，可是無論我喜不喜歡，被身穿白襯衫的員工塞滿的員工餐廳內，就只能毫無選擇餘地，按照公司安排的菜單吃飯。就像是按照公司的指示工作般，飯菜一點都不美味，也毫無趣味可言。

就算心中氣憤不已，就算供餐很難吃，為了填飽肚子又有什麼辦法？我盯著餐盤，把白米飯塞進嘴裡，吃著吃著，覺得我眼前的餐盤就像公司一樣。如果不吃員工餐廳供應的餐點，到外頭去吃的話，我就能點自己喜歡的菜色。如果有討厭的人先走進我想去的餐廳，只要去別家餐廳就行了。可是，**就像在員工餐廳沒辦法選擇菜單般，在公司也沒辦法選擇人。此外，就像每個人都不相同，每個餐盤的菜色也都不同，假如其中有我喜歡的小菜，也一定會有讓我覺得「為什麼餐盤有這個？」的討厭菜色。**

我喜歡吃肉，但討厭野菜沙拉，可是某人卻喜歡野菜沙拉，討厭吃肉。那麼，肉是好的，野菜沙拉就是不好的嗎？還有，難道我喜歡的肉就有益身體健康，我討厭的野菜沙拉就對身體不好嗎？用這種方式思考過後，就會發現所謂的好壞、利弊的標準都是我主觀的判斷，也是絲毫不考慮身體營養的獨斷決定。清空餐盤小菜的同時，我心想著，我討厭的人，可能對某人來說也會是個好人；我認為沒用處的人，也可能事實上是非常有營養價值的人，只是我不知道而已。無論我有多出類拔萃，辦事能力有多強，某人也可能看著我心想：「為什麼那個人會在公司？」

今天，我也一邊清空餐盤，一邊清空內心的憎惡。

待辦事項#07

拿著待簽核文件搭上了動物園探險車

「把需要簽核的文件呈上去，大家就會罵說沒預算、幹麼做這種事、你們那組是吃飽太閒嗎……」我也只是聽命行事，大家幹麼都罵我？

為了讓其他主管在無數同意欄位上簽名，並獲得最後批准，今天的我依舊親切地逐一拜訪，然後被罵了個臭頭之後才回來。**就像是搭上動物園的遊園探險車似的，每當我經過一個地方，被關在籬笆內的一群猛獸就會被放出來，對著我要請主管簽字的文件又是抓撓又是撕咬。**

「我也只是在工作啊，老實說，我也是奉命行事，大家幹麼一副恨不得把我吃掉的樣子？」

次長靜靜地對著憤憤不平的我說：

「你這笨蛋，你為什麼要做這件會讓所有組長輪流罵過你一輪的業務？要是你打從一開始便決定不做，也不會被所有人痛罵，只會被你的直屬組長一人罵完就結束了！」

我忍不住思考。就算不做事，日子到了就能領薪水，又不是多做一點事，就能領比較多的薪水，為什麼我要過得這麼痛苦，還有自己又是為了誰工作。

不知從何時開始，我竟然變得和公司融為一體了，好比我要是在公司犯了錯，就等於整個人生都完蛋一樣。今天的我也很擔心某件事會出差錯、擔心被罵，所以遲遲無法下班。現在，別再給明知道就算獨自加班也無法解決問題，卻仍坐在電腦螢幕前面唉聲嘆氣的自己壓力了，試著施點安慰的咒語吧。

「晚一點交又怎樣？」

「被罵個兩句又如何？」

「那些人罵的不是你，他們只不過是討厭做事罷了。」

「又不是你一個人埋頭苦幹，就能提升公司的利益。」

「明明你的職位這麼低，又老是跑去要求主管幫你簽字，他們當然會覺得煩！所以就別為那種事在意了。」

「就好比天空會下雨，並不是因為高山和田野做錯了什麼事。所以你也不是因為做錯了什麼事，才讓那些主管決定破口大罵，用像大雨一樣的口水噴得你一臉濕。」

待辦事項#08

抱持無謂希望，直到猜中主管心中的想法

「喂，你再出來一次，知道自己為什麼被處罰嗎？」

當我還是學生時，有一次屁股挨了板子，痛得哇哇叫，結果老師提著藤條如此問我。

「不知道。」

「不知道就再給我重新趴好。」

藤條再度對我的屁股展開痛擊，而我也同樣以不知道為何會挨揍的狀態回到座位。

「喂，你再出來一次！重新趴好，你到現在都不知道自己為什麼被打嗎？」

「我還是不知道。」

就這樣又被打了一次之後，我用一雙冤枉的眼神看著老師。

「你不准回座位，給我站在這裡。」

接著，換下個同學出來被老師打屁股。「唰、唰」藤條打下去的聲音，聽起來很有黏性。打完之後，同學抓著自己的屁股對老師說：「謝謝老師」，然後回到了座位。老師對

著滿臉錯愕的我說：

「我會打你們，都是為了你們好，所以說，以後被我打完之後，都要先說一聲『謝謝老師』再回到座位。」

我低頭謝謝老師之後，回到了座位，而那個科目的成績，也從那天開始往下掉。

隨著年歲增長，當我成為上班族之後，老師的藤條變成了主管的批准簽名，而我軟綿綿的大屁股，則變成了上班族畏首畏尾的脆弱心靈，還有學生時代如猛獸般駭人的老師，也成了公司內的主管。猛獸主管至今仍不告訴我原因，只顧著拚命用藤條打我的屁股。當我的屁股被打了個好幾下之後，要是我還在問為什麼會被揍，大部分的答覆就會像這樣：

「你到現在還聽不懂我說的嗎？你自己去搞清楚之後，重新想一個解決的方法。」

「我這樣做都是為了讓你進步，如果上頭的人直接告訴你答案，你很快就會忘記了。」

「就那個啊，你最擅長的那件事，你就那樣做。」

因為希望我記取教訓，所以才不親口告訴我做錯了什麼，可是事過境遷之後，我只記得當時被那個人訓斥，卻想不太起來我向那個人學到了什麼，以及我到底做錯了什麼。反而是當主管在白紙上逐條寫下內容、和我一起尋找解決方法，事後我才會記得他教過我什麼。我又不像電視劇中出現的弓裔[2]，懂得洞悉人心的讀心術，在聽了主管不清不楚的工作指示之後，還能摸清主管的心思並做出判斷。想必這不光是我能力不足的關係，畢竟如果沒給任何提示，就難以在毫無相關情報的情況下，猜中主管提出的問答題的正確解答。

在公司，每個人教育下屬的方式都不一樣，可是如果用「你猜猜看我在想什麼」的方式，可能只會剝奪下屬的興趣與熱情。舉例來說，有人會覺得，如果要教某人學會游泳，只要把那個人丟進大海裡，他很快就能學會。可是，那名員工卻在學會游泳之前，就先經歷生死交關的奮力掙扎，最後溺水身死。就算他運氣好，能夠自行頓悟游泳之道，但那畢竟是屬於他的獨門訣竅，因此很難將其標準化或交接給他人。換句話說，那人獲得的知識和經驗難以如法炮製地套用在他人身上。最後，底下的人要再教導下一個人游泳時，也只能把對方丟入水中，最後形成了惡性循環。

更重要的一點，是學會游泳的下屬也隱約察覺到，其實主管也不懂要怎麼游泳，所以才會把自己丟進大海。下屬敬重、追隨主管的心逐漸消失，而越是如此，主管也越容易陷入動用職權來壓制下屬，而不是靠經驗和知識來領導組織的惡性循環。

主管必須保持沉著冷靜，以有系統的方法將自身的知識和經驗傳授給下屬，也應該以此為前題下達工作指示。唯有如此，上面的人才會主動尋求並研究要傳授下屬的新知識與方法，而下屬也才能有系統地學習。就像水會往下流動，上面的人要先學習、有能力教導他人，整個組織與內部的員工也才會幸福。

2 弓裔——出身新羅王族，朝鮮半島後三國之一後高句麗的建立者，據說擁有讀心術。

待辦事項#09

上班族的買股投資必勝攻略法

「這可是高級機密，只讓你一個人知道喔，這家公司的股票很快就會大漲了。」

部長可能是覺得有愧於我，所以小心翼翼地把我單獨叫到會議室，跟我報了好幾支明牌。從早上九點開始到下午三點半為止，部長完全沒有在做事，在他的電腦螢幕上，只有每天不斷變化的數字，以及紅色與藍色的條形圖氣喘吁吁地上上下下。

「部長，這份提案已經給您好幾天，麻煩您簽字。」

無論我怎麼三催四請，部長仍只顧著看跳出股票視窗的電腦螢幕，隨便打發我。

「喔，好，我知道了，你再等一下。」

每次都只會重複相同的對話，直到我忍無可忍，終於爆發。

「拜託！別在公司看股票了，請您幫我簽文件。」

部長這才慢悠悠地將視線從螢幕移開，盯著我說：「趙科長[3]，你跟我到會議室。」

把我另外叫到會議室之後，部長要說的就是某支股票看漲，叫我趕快跟進。而且，他還說是因為有愧於我，所以才特別好康道相報，實在是很令人傻眼。我沒辦法再跟他對話下去。

當我的職稱還是代理時，我也會趁上班時間玩股票。之所以這樣做，因為覺得薪水不夠，想多賺點錢，偏偏我又沒有別的專長，也無法在上班時間跑外務。但即便如此，我的錢也沒有多到能投資房地產。我開始玩股票的理由跟其他上班族都差不多，而我也同樣是偷偷用手機打開證券公司的APP進行交易。「臨床通過」、「尚未昭告天下的內線消息」、「預計今天兩點以後暴漲」、「達到上限價，準備放煙火」等，光是聽了就心曠神怡的字眼，彷彿能讓我搖身變成紅色跑車的主人似的。就算股票只漲一點，只要靠手指頭點幾次，就能在幾分鐘輕鬆賺到比一天薪水更多的金額。可是，日子一天天過去，股票越跌越多，隨著恐懼感日漸擴大，虧本售出的情況也漸趨頻繁。就算只是賠一點點，以後只要上限價漲個兩三次就好了，於是我陷入了反覆盲目投資的漩渦。

看股的時間越多，不光是工作，要集中心力在日常生活和家庭也越難。工作時，我會忍不住一直盯著股市行情，要是碰上開會沒辦法確認股價，就覺得無比煎熬。我經常三

3 本書中出現的職稱，部分為作者過往時期之經歷，或創作時帶入之設定，故各篇內文之職稱不盡相同。

待辦事項#10

運用大數據分析，在公司撐下去的方法論研究

「啊，我真的幹不下去了。」

今天我又一邊喃喃自語，一邊把記事本丟在辦公桌上，然後像是要把椅子壓垮似的，整個人癱坐在座位上。接著，我稍微發了一下呆，再次變成了縮頭烏龜，生怕剛才自己說的話被誰聽見。

不過，每當我覺得自己無法再上這該死的班時，就會翻開多年來隨身攜帶的筆記本，提筆寫下什麼。我的筆記本上，按照日期逐條寫下了我在職場上打滾超過十年來，碰到哪些難以應付的工作，折磨我的又是哪些人。除此之外，上頭還以十分滿分為基準，把每項工作、每個人名造成的痛苦或折磨程度數字化。舉例來說，處理今天要交出去的文件大約五分，不算是太大的磨難，而需要請對方批准或提供協助的四名相關人士分別是一分、兩分、六分與十分。一分指的是痛苦程度為一，代表對方非常平易近人，工作任務很適合我。相反的，十分就表示對方造成的痛苦指數為最高，工作任務也不怎麼適合我。只要試

著分門別類地打上分數，就能知道自己在哪個時間點上因為工作而備受煎熬，又或者哪個特定人物讓我痛苦不已。

接下來，再定期把替各項工作、每個人名打的分數加總起來，這樣就能知道某段時期得分最高的工作任務和人物，同時也能導出它們與自己不合的結論。此外，還能掌握到每個人在公司的哪段時間與哪一天最為敏感。只要巧妙地避開和我不合的人，還有會對我造成壓力的工作事項，從統計學的角度來看，職場生活便能如魚得水、駕輕就熟。

我還按照時間順序寫下了工作以外的變數。好比說二月孩子出生了，所以沒辦法睡覺，或者八月有暑休，所以心情很振奮。我必須把這些外部變數當成注釋，用來驗證每段時間我打分數的可信度。因為當我睡眠不足時，就算工作上只是碰到一點困難，也會覺得比平時吃力，而想到能去休假時，平時覺得痛苦萬分的工作，處理起來也絲毫不覺得費力。追加減少統計誤差的過程，就能提升累積的大數據的可信度。

身為活在第四次工業革命時代的知識分子，我會以自己親手整理的大數據為基礎，計算自己近一個月想辭職的分數，並運用有如 AlphaGo 般的頭腦，針對分數最高的時期進行演算法分析，那麼，目前究竟是該理智地辭掉工作，又或者只是一時情緒衝動，都能一目了然。還有最棒的一點，莫過於可以明目張膽地打開Excel表格，假裝自己很認真在工作，但實際上卻是在替每個人打分數，而且當你還沉浸在打分數的樂趣時，轉眼間已到了下班時間，那就該收拾一下準備回家啦。

待辦事項#11

只要硬著頭皮幹，沒什麼事情是搞定不了的

「Hi, nice to meet you. My name is Hoony.」

我往自己的臉上堆滿笑容，並朝初次拜訪韓國的客戶伸出手，沒想到對方看到我之後，很驚慌地打了招呼：

「Hoony? Really?」

客戶跟我握手之餘，再三確認我的名字是否真的叫做Hoony。客戶頂著一頭梳到後腦杓並以髮蠟固定的金髮，手上提著彷彿電影中會出現的名牌、時髦到不行的真皮公事包，用眼神從上到下打量我，說：

「Oh, God……」

客戶會這麼錯愕，大概是因為我的英文名字吧。過去在通信時，客戶曾說Hoony這個名字很可愛，聽起來跟Honey很像。想像中的Hoony，應該要像是K-Pop中會出現的女團歌手才對啊，可是客戶親自飛到韓國之後，實際見到的Hoony卻是體重近一百公

斤、留著厚重的絡腮鬍並頂著大肚腩的大叔……為了一個名字，這名金髮外國人千里迢迢地從異國飛來，看到我之後大失所望也是正常的。

暫且不談他的失望，眼下我光是煩惱就來不及了。因為我的英語很爛，所以過去都不是用通話，而是用電子郵件洽談工作，但誰知道他會親自飛來韓國？一見到金髮外國人真的搭飛機跑來，我的神智也立即搭著飛機飛到了遙遠的異國。我先找了一間會議室，一聲不吭地拉著他坐下，然後拿了水和零食給他，接著又告訴他洗手間的位置。為了盡可能不跟他搭話，所以我替他設定了筆電的無線網路，也拿了支工作用的手機給他。

拜託，什麼都別問我。

在我抖個不停的身後，他的問題開始紛紛出籠。

「布拉布拉、這樣那樣。」

幸好我大概聽得懂他在問什麼，每一次我都帶著不失禮貌的微笑回答他：

「No Problem.」

問這也「No Problem」，問那也「No Problem」，在我腦袋中的問題不斷擴大，但外國人眼中的我卻是個凡事都沒問題的人。

問題出在要協議金額的時候。要用英文表達「千」我還能應付，但從超過「萬」開始，我的腦袋就不輪轉了。每次碰到要將圓轉成美金，我的腦袋就像是正在加載的影片般不停卡住。最後我只能拚命喊：「Wait a minute.」然後猛敲計算機。剛開始一兩次我還結結巴巴地用英語唸出計算機上的數字，但最後實在受不了了，直接把計算機畫面亮給客戶看。我的樣子，就像到東南亞知名觀光勝地時，導遊必定會帶大家去逛的山寨市場內的商人。我在計算機上敲完數字之後，直接拿到對方的眼前並大喊：

「OK?」

外國客戶似乎覺得我的模樣很有趣，笑得很開懷。他接下計算機後，也不用講的了，逕自將自己想要的數字打在計算機上給我看。然後，他又說了一堆令我費解的話。而我，也臨危不斷地再用計算機敲打數字，拿給他看。

「No no no. This. See? OK?」

「Blah blah blah.」

雙方就這樣來回幾次之後，外國人的臉上失去了笑容，也明顯感覺到他的壓力。

「OK! Last discount!」

我最後一次拿起計算機，協商也在各種手忙腳亂中落幕了。隔天，金髮外國人說要回國，並笑著對我說：

「Bye~ No Problem guy.」

在公司碰上連一句話都說不出來的困境時，只要當成是被老虎咬走並打起十二分精神就行了。**要是你承認自己實力不足，最後乾脆擺爛，瞬間你就不只是為自己的小缺陷感到羞愧，而是會變成以自己為恥的人**。當你碰到難以處理的情況時，與其用自己知道的幾個單字和對方談下去，不如用電子郵件等雙方能夠理解，又能留下依據，並分享給其他人的書面方式進行更好。還有，就算對自己實力不足為恥，也要把電子郵件的副本轉給其他人，讓他們持續協助確認，而不要獨自背負全世界的憂愁。反正外國人也完全能理解我沒辦法把英語講得很專業，所以根本不必為此感到羞愧。以客觀的角度來看，有很多外國人的韓語能力還比我的英語能力差，所以保有一點自信也無所謂。一言以蔽之，就算語言和民族不同，能成功的人終究都會成功。

待辦事項#12

明明懂的又沒我多，卻能坐上主管位子的理由

「就算把文件交給組長簽字，他也都不懂。真不明白他是怎麼當上組長的。」

在公司，想必都碰過職位比你高的主管或同事看起來很無知的時候。或是曾遭遇到過於簡單，反倒難以回答的問題吧？好比說「一加一為什麼等於二？」之類的。明明不用兩秒鐘就能做出判斷，可是把文件交給主管時，他卻一臉茫然地看著我，最後只好逐項解釋給主管聽，但內心卻悶到不行。「不是啊，整間公司是只有我一個人在工作嗎？」

從組長猶如嬰兒般天真爛漫、彷彿尚未被俗世所沾染的眼神中，可以得知兩件事。

第一，是組長早就已經知道了。之所以明知故問，是為了確認你對自己擬定的文件有多了解。假如你一知半解，那麼他打算趁機給你一個下馬威，同時炫耀自己有多懂。在這情況下，你在說明之前就要先加上「想必組長您都已經全盤掌握了。」這樣的花言巧語，同時還要以充滿尊敬的眼神傳遞出「我不像組長那麼有才，所以現在才懂。」的訊息。接

下來，你就能放寬心地向組長說明。不如你就樂觀地這樣想吧，既然這間公司有實力比我強又學識淵博的主管，一定有很多值得我學習的地方。

第二，很不幸的，組長真的對我擬定的文件一無所知。這對企劃的人來說無非是最鬱悶的情況。想到薪水比我高出一大截的組長，竟然比我更狀況外，甚至還會覺得很挫折。我曾經直言不諱地把這個煩惱告訴組長，結果組長也直言不諱地大聲嚷嚷：

「你以為上面的人就無所不知嗎？那總統不就知道全世界的大小事了？如果你覺得上面都不懂，那你這臭小子就去問會長吧！自己去確認會長是知道，還是不知道！」

經我親身實驗，我會奉勸你，假如你不打算明天就捲舖蓋走人，最好不要輕易嘗試。最後，在第二種情況下，我能提出的解決之道，就是很阿Q地想：「大概位子越高的人，都有許多我不知道的煩惱吧。」就算組長整天做的就只有剪指甲、在猶如高牆的隔板內用手機偷看美國職棒或 YouTube，你也要毫不在乎地想：「世間的道理，大概都在指甲和手機裡面吧。」反正組長的薪水又不是我給的，就別以社長的身分自居，在意組長在上班時間做了些什麼事吧。

試著這樣想吧，我負責的是別人不懂的業務，所以公司才會提供我薪水，讓我去做。假如我的工作是組長、本部長和所有同事都會做的事，那公司就沒必要付我薪水了。所以，今天我也很認真地翻開要請組長簽字的文件夾，幸福洋溢地替他說明。

待辦事項#13

躲在茶水間裡頭告解

「抱歉，我今天也會晚回家，妳和孩子們就先吃晚餐吧。」

因為擔心在辦公室打私人電話會被別人聽見，所以我特地跑到茶水間，用螞蟻般的音量快速講完電話。這時，我卻冷不防地產生困惑——為什麼我要躲在茶水間講電話？是因為怕妨礙同事工作嗎？**仔細想想，要求我加班的那些傢伙都大咧咧地在我面前，我為什麼要懷著愧疚的心情通報必須加班的事？**坐在那頭的室長若無其事地要求我加班，那我為什麼要像是犯了什麼罪似的躲起來，對著無辜的家人竊竊私語？又不是我自願加班的。看我內心瞬間千頭萬緒，八成是因為煩躁指數已經達到了頂點吧。

「抱歉，今天好像沒辦法去了。」跑到公司的茶水間進行告解的歷史行之有年，而我通常吐露自己的罪過並祈求饒恕的對象，都是在等我的親朋好友。婚前，我曾經向在約好的地點等我的老婆（當時是女友）道歉，說我沒辦法下班。當時我必須安撫突然被放鴿子的女友，所以心急地在茶水間翻找物品來傳達我的心意。我運用藍色的圓形垃圾桶蓋、多功能事務機的細長碳粉匣箱子和碳粉匣，接著猶如在無人島上用小石子寫下ＳＯＳ般，拼湊一個又一個字。「我愛妳，對不起。」那是一名無法逃出無人島的上班族迫切發出的求救訊號，而公司的茶水間，就像是無人島上唯一能與外部通訊、取得食物來源的濱海沙灘。

眼見今天又得加班，於是我懷著悶到不行的心情站起身，打算到茶水間喝杯咖啡。才剛打開門走進去，就看到一個原本壓低音量在講手機的年輕員工用單手摀住嘴巴之後，迅速地離開了茶水間，而原本很和睦地圍坐在茶水間的桌子旁嘻嘻哈哈的兩名員工，也連忙整理好桌面，回到了自己的座位。那些年輕的員工，就像當年還是菜鳥的我，靠著在茶水間告解、道歉、分享彼此的鬱悶，寫下了各種歷史吧？回想起往事，我不禁莞爾一笑，但就在此時，一股不安感卻向我襲來。

我又沒叫他們出去，大家為什麼都走了？

是因為看到我而感到不自在嗎？

原來我已經變成這種人物了？

該不會他們是在罵我吧？

待辦事項#14

夾在當面溝通或書面溝通的世代夾縫間

「那個……我有話要跟您說。」

隔壁組剛進公司不久的新人支支吾吾地跑來我的座位，光看他的表情，就知道他跑來找我之前苦惱了許久。說話的時候，他也不敢看我，從頭到尾都盯著地面。

看來他是有什麼煩惱吧。

我盡可能露出和善的表情開口：

「好喔，李主任你有什麼事嗎？」

說完後，我的內心也開始上演各種小劇場，好奇新人後頭要說的是什麼煩惱。是啊，這孩子和我差了十二歲以上，我一定能替他解決煩惱。都特地跑來找我了，可見這孩子一定是苦惱許久、猶豫再三。

就在各種念頭充斥我的腦袋之際，新人終於對我說：

「那個……請讓我用通訊軟體。」

新人只留下這麼一句話，就一溜煙地回到了座位。這下我就更一頭霧水了。幹麼不直接說出來？我有說不准用嗎？

「叮咚！」不久後，電腦螢幕跳出了通訊軟體的對話視窗，上頭留下了這樣的字句。

「請您更新本周會議資料！」

明明用講的就好了，為何非得要用通訊軟體傳達？是因為不想跟我講話嗎？還是我的腋下會發出異味？難道是公司流傳著「跟我說話，我就會像瘋狗般亂咬新人」的傳聞嗎？想到最後，我小心翼翼地問了別組的同事，結果他絲毫不以為意地說：

「最近的年輕人覺得傳訊息比通電話更自在。以前的人都會當面講，但現在不一樣了。你一看就是以前的人，全身上下散發了老古板的味道。」

「不是啊，反正來我座位上說一下就好了，何必大費周章地敲打鍵盤？還有，我不也活在這個時代，為什麼我就不是這個時代的人？不然我是什麼石器時代的原始人嗎？」

「瞧瞧你說的，尬電（goddamned）無聊，你聽得懂我在說什麼嗎？」

「那是什麼意思？什麼電？」

「嘖嘖嘖。」

我突然想起自己還是新人時，有一次打電話跟同一層的隔壁組的科長要資料。

「我是人事組朴科長，請說。」

「朴科長您好，我是〇〇組的趙主任。」

話才剛說完，就聽到回答。

「你這麼囂張啊？現在立刻跑過來我座位。」

過去之後，科長對我說：

「明明就在同一層，每天都會見到面，你現在是圖自己輕鬆，所以才用打電話的嗎？走幾步有這麼困難？以後有話要跟上面的人說，就鄭重地過來親口說，別用打電話的！」

那天以後，我一直都是採取電話好過於傳訊息、當面溝通好過於電話的方式。當年斥責我的科長，肯定也覺得我是屬於他難以理解的世代。總之，職位比我高的人比較喜歡當面溝通，職位比我低的人又說電子郵件或訊息等書面方式比較自在，那像我這種介於中間的人是要怎麼辦？不管選哪一種方式，都一樣不自在。最後我選擇的方法有兩種：**職位比我高的人，我會先當面報告完之後寄送郵件；職位比我低的人，我會寄出郵件之後再傳訊息**。雖然卡在中間配合上下的人很不方便，但唯有他們都乖乖閉嘴，我才會有好日子過。就算別人認為我做事方式很綁手綁腳，只要我自己覺得自在就好了。

待辦事項#15

讓加班變得快樂點的方法

「那個……對不起，我得先回去了。」

今天，當周圍的人帶著愧疚的語氣悄聲打完招呼之後，夜幕也跟著落下了。晚上七點之後，大樓中央空調就會關閉，到了九點，日光燈會從辦公室的另一頭開始熄滅。周圍瞬間變得好安靜。我利用手機的手電筒功能，找到了日光燈的開關，打開我座位上的燈，開始正式加班。

有一次我加班到清晨，因為距離上班時間沒多久，所以就在會議室以攤開的紙箱為床睡覺。雖然只是瞇一下，但為了能夠睡得舒服一些，所以我脫下皮鞋、摘下眼鏡，分別擺好，把西裝外套當成棉被蓋在肚子上，再把兩包Ａ４用紙當成枕頭，接著就倒頭大睡。睡了好一會，我察覺到一股涼意，於是睜開了眼睛。明明已經天亮了，可是我的眼前卻看到一堆人的小腿——原來我用來睡覺的會議室，恰好是新人面試時的休息室。因為我睡在角落，從會議室門口看過來時，我睡覺的樣子恰好被會議桌的桌面擋住，所以看不到。

「啊，死定了。」

我急急忙忙地戴上眼鏡，以衣冠不整的狀態猛然站起身，接著趕緊撿起鋪在地面的紙箱，衝了出去。看在來面試的新人眼中，我的樣子肯定就像是他們的未來吧。**這天加班的事，小則連累到新人，大則拖累到公司的所有人。**

加班也包括聚餐應酬。尤其對於不太能喝，又不懂得在酒席上討好他人的我來說，聚餐算是難度極高的加班。有次在聚餐的場合上，本部長把燒酒當成白開水般，嘩啦嘩啦地倒進透明的啤酒杯內，接著露出邪惡的笑容大喊：

「來，今天心情好，就從我的右邊開始！乾杯接力賽！」

話尾剛落，坐在本部長右側的組長隨即露出開懷的笑容，大喊：「本部長的作風果然豪爽！」並乾掉了酒。下一個人，還有下一個人也都笑著乾杯，但不出所料，這暢快美好的乾杯接力賽果然在我這邊中斷了。

「喂！趙代理！氣氛這麼棒，你怎麼可以搞砸啊？」

見到乾杯馬拉松被迫中斷，坐在我旁邊的次長帶著滿腹遺憾，用嘴型表達了仔細觀察才能看懂的簡潔髒話後，連同我的分量一起乾掉了。接下來，我又成了使第二波、第三波乾杯大戰慘敗的千古罪人。我帶著贖罪的心情，雙膝跪在酒館共用廁所的汙穢馬桶前，度過了把吃下的下酒菜再次端出來確認的時光。**這天加班的事，小則危害到我的身心健康，大則危害到包含酒館廁所在內的地球環境**。

今天，我帶著「一定要早點下班回家」的決心去上班，可是，今天果然也跟昨天一樣，距離明天上班時間只剩幾小時，手頭的工作卻依然做不完，所以下班這回事根本連想都不要想。這時，尋找幸福的方法，就在於回想上頭那兩件比現在更慘烈的往事，並告訴自己：「是啊，現在要比那個時候好很多了。」**最糟的黑歷史，有時也能成為使不幸變成幸福的經驗，讓自己對當下心懷感激**。

待辦事項#16

用轉移注意力讓應酬時間飛快流逝

「好久沒聚餐了，誰來致詞一下吧。」

今天聚餐應酬的地點是在人聲鼎沸的烤肉店，可是我們這桌格外安靜，只能聽見肉片在烤盤上滋滋作響的聲音。明明上禮拜才聚餐，組長卻使用「好久」這個詞，讓大家還沒開始用餐就已覺得心累。擺在我們面前的燒酒杯內裝滿了燒酒，以及「只要不是我就行了」的共鳴與不滿。

如何讓聚餐應酬時間過得快一點呢？與其滿腦子想著「我討厭應酬」或「好想回家」，不如讓腦袋填滿平時不會去想的無謂雜念。碰到自己不喜歡的情境時，時間總是過得特別慢，所以我會強迫自己創造出其他情境。

首先，一邊在腦中不斷咀嚼今天可能會要求我致詞的主管名字，一邊看著他。當其他員工以單手拿著酒杯，眼睛卻盯著地板，又或者看著桌面中間的下酒菜和掛在牆上的菜單時，我則是目不轉睛地看著主管，全心全意地想著他的姓名，開始悄悄地逐字吟詩作對。

第一步，為了克服對即興三行詩[4]的恐懼，第一階段就是減少第一個字造成的負擔。舉例來說，假設名字是「趙武欽」好了，作三行詩時，第一個字都是那人的姓氏，因此第一句詩就把那人的姓名放入，再極盡吹捧阿諛之能事。也就是說，對要求你做三行詩的人表達你的感謝之情。

「趙！趙代表指名我在聚餐上作三行詩，真是無比光榮。」

第一句，用這種老套的伎倆開頭就行了。

第二步，以名字完成三行詩時，最大的絆腳石就是第二個字。尤其名字中的第二個字，多半都是日常生活中很少用的難字。這時通常很難聯想到相對應的詞彙，所以我就在此公開我的獨門絕招——直接說找不到適合第二個字的詞彙，藉此鋪哏，提高大家對下一段話的期待感。這種表達方式既新穎，又能替第三句話爭取思考時間。該怎麼做呢？像這樣悄悄地蒙混過去就行了。

「武！武開頭的詞想不出來，但我實在很想把心中想到的這句話告訴各位。」

先起個頭，替自己爭取時間。

最後，三行詩的精華處在於最後一段話。因此，要善用第二段話事先爭取的時間與期待感，直接來個帥氣的收尾。最後一段話，必須是我熱烈地愛著我們最高領導者同志，還有讓我們所有人團結一心的內容。如果覺得肉麻兮兮、臉頰發燙，這時就緊緊閉上雙眼，像是小時候參加演說比賽般拉高音量、張開高舉的雙臂，就能達到戲劇般的效果。如果實在沒有勇氣，乾脆從頭到尾閉上眼睛也可以。唯有這樣，最後一段話才能如噴火飛龍衝上雲霄般，同時讓主管的顴骨和嘴角也跟著升天。

「欽（親）！親愛的公司代表和小組將屹立不搖、永垂不朽！」

以最高領導人之名做完三行詩之後，接著依序按照職等，以每個人的名字構思三行詩，時間就會如噴射機般快速飛逝。而且，因為心中是在想別的，而不是「我討厭在座的所有人」，所以可以毫無負擔地和平時討厭的主管對上眼神，專注地看著他。使用這種方法，不但可以讓應酬時間過得更快，又能贏得主管的心，可說是一石二鳥、一箭雙鵰、一舉兩得啊。

4 三行詩：韓國一種類似藏頭詩的即興詩文創作，形式是將人名或想表達的三字題目拆解成三行有連貫意義詩文的句首。常出現在綜藝節目讓藝人即興發揮，也是應酬與聚會炒熱氣氛的小遊戲。

回頭想想，假如男女朋友之間交往的時期算是約聘職，那結婚就像是當上了正職。無論處於什麼樣的狀態或位置，只要有一方犯下過錯，兩人就可能分手或離婚，只不過夫妻離婚的法律程序要比男女朋友複雜一些罷了。無論是任何狀況，如果不想受傷，就必須懂得控制自己的情緒。就算我深愛對方，可是對方卻不肯敞開心房或不肯承諾未來，那就必須果敢地尋找其他對象。只因害怕分手或習慣了不愛我的那個人，於是繼續跟對方交往，只會使自己傷得更重。這種停滯不前的關係，也只會令自己失去珍貴的青春。

公司是很無情的。**儘管當你為某個組織效力時，很容易會覺得那個組織就是世界的全部，但在你為了無情的對象而痛哭流涕之前，必須先知道那個世界並非全部**。天生我材必有用，世界上一定會有需要你我的地方，我們不過只是還沒遇到適合自己的緣分罷了。

待辦事項#19

用動物般的敏銳感官判斷公司是否有倒閉徵兆

「留在公司的淨是些沒能力的人，再這樣下去我們公司鐵定會倒閉。」

請組長簽字卻又被狠狠削了一頓的後輩，像是在發洩內心怨氣似的說道。

「後輩啊，不用擔心，公司沒你想像中那麼容易倒閉。」

我先安撫後輩的心情，接著說了下去。

「你我現在不都還在這家公司工作嗎？要是別人聽見了，會以為我們也像你說的一樣，是因為沒有能力才留在這家公司。」

聽到我第二句回答，後輩再度瞪大眼睛，情緒激動起來。

在我看來，這位後輩並不是真的擔心公司會倒閉，而是希望公司乾脆倒閉算了。

組織並不會因為少了一兩名員工就馬上倒閉。如果真的發生這種事，那個組織肯定是特殊案例。比方說，出現一兩名員工是捲鉅款潛逃，又或者公司為了發展新事業，處於一個固定支出過高的狀態，而負責該事業的一兩名核心人員又帶走了所有專業技術。以上兩種案例都是違法的，所以是不可取的行為。還有，為了擁有像上述那些人足以左右組織的龐大影響力，就必須聰明過人、非常勤奮不可。

相對的，內部看起來有許多無能之人的組織，也可能不會那麼容易就倒閉。在那種組織中的成員會盡可能安於現狀，拒變化與革新於千里之外。既然痛恨變化，也就不會採行具有風險的行為，或者推動任何新事業。此外，組織成員之所以看起來無能，代表其中並沒有具備特殊或出眾能力的人。這可以解釋為公司不會被一兩名員工左右，業務分工達到了平衡的狀態。在這種組織內，很難期待會有任何革新與變化，發展也相當遲緩，但因為組織結構調整緩慢，因此人員少有變動，整體氣氛很低迷。

就我過去的經驗，組織開始走下坡的徵兆，並不在於一兩名能力強的員工辭職，又或者是因為你辭職。當然了，我也想過，當我離開這個組織時，它就會完蛋，但很可惜的是，不，幸好這種事情從來都沒發生過。

假如自己的能力並沒有突出到會足以撼動組織的根基，那至少需要能先察覺組織在走下坡的徵兆。就像電影橋段中會出現的，當人們看到老鼠紛紛跑去躲起來，於是知道颱風或地震即將到來，既然我們是如此脆弱的生物，就必須事先察覺危險並適時躲開。因為，假如不幸成了倒閉公司的一員，不僅會被拖欠薪資，而且以後要跳槽到其他公司也會有困難。所以，為了確認組織是否健全，必須確認以下三大事項。

第一，查看組織在近三年的財務狀況，確認組織體質是否屹立不搖。所以你必須持續查看本期損益與負債比率。公司的目的是創造利潤，因此，當公司的利益持續增加，也持有寬裕的資金，就代表公司按照本來的目的在運作。公司都會有詳細的公告資料，就花點時間確認一下公司的狀態吧。

第二，確認占公司大部分銷售額的事業狀態，確認它的發展性。還有，找一下該事業是否為夕陽產業，市占率多少，獨占市場的客戶或主要客戶是否具有專利權，以及市場上有沒有做同一塊事業的強力競爭對手。

第三，查看組織圖，確認組織成員的前瞻性。距離退休還很久的科長職以下的員工離職率高不高，是否經常有小組解散或與總部合併，是否組長是由次長擔任，而他的組員卻是部長，還有代表理事或公司實際所有者在任的期間是否很短、隨時都在變動等。

當這三大徵兆亮起紅燈時，就代表這家公司遲早都會走下坡，所以必須未雨綢繆，做好準備。要是你懷有雄心壯志，想如義賊林巪正[5]一樣獨力改變組織，未來你的勇氣和英

5 林巪正：一五〇四—一五六二年。當時朝鮮王朝政治混亂，官吏腐敗，他襲擊官衙，殺害官吏，打開倉庫，將糧食發放給貧民。

勇事蹟將會被後世所傳頌，但在現實中，這即是一種對組織的叛變。這種舉動就像原本應該趕緊逃跑的小老鼠，卻試圖抵擋強大的颱風，而你也必須孤零零地獨自承受難以想像的痛苦和損失。

假如你覺得大家看起來都很無能，為什麼有人想要繼續留在公司，或者好像都沒人在正經做事，只有你自己很認真工作，又或者明明沒發生什麼事，大家的反應卻很激烈，那麼你要做的，是先拋開眼前的景象，確認上面三大徵兆。接著，試著根據這些事實抒發你的不滿，那麼，其他組織成員就會開始認真聽你說話。

待辦事項#20

職場老鳥的生存訣竅

「趙主任！你！（嗝）你這小子給我過來！」

從中午就已經喝到酩酊大醉的組長，彷彿人在網咖似的，把身體靠在調到一百六十度的椅背上吼叫。

「是的。您找我嗎？」

我以為自己又做錯了什麼事，怯生生地來到組長面前。

「你這臭小子！我只是沒說出口而已！我知道！你很辛苦！把這錢拿去買些零食點心，然後再加把勁吧！」

組長從皮夾中取出一張萬圓鈔票，「啪！」地一聲塞到我手中。

我都三十歲了，竟然叫我去買零食吃……看到我愣愣地拿著萬圓鈔票，不知如何是好，全身酒氣沖天的組長於是很豪邁地說：

「怎麼？嫌太少？下次我再給你！臭小子！」

組長咯咯笑個不停，然後突然像是昏厥似的呼呼大睡起來。

雖然不知道組長自己記不記得，不過只要碰到他和客戶在中午吃飯喝酒的日子，他就會把一萬圓鈔票塞到我的手中。我真心期望組長可以每天都跟客戶吃中餐。光就這點來看，他是個大善人。

「趙代理，這個數字是怎麼算出來的？」

總是維持整齊儀容、一絲不亂的穿著與髮型的組長說道。為了向組長說明我在申請表格上填寫的數字，我打開了同時附上的 Excel 檔案。這時，組長在我的座位上坐了下來，但並沒有像電競玩家一樣駕馭滑鼠，而是只靠華麗的指法和快捷鍵處理檔案。他只消按一個鍵，超過數百個項目的行列就配合各種函數有條不紊地排列好，同時根據自動計算好的數字，出現了一目了然的圖表。我親眼目睹了熬夜做好的數據在十分鐘內就整理完畢的奇蹟。無數資料數據就像組長頭上各就各位的一根根髮絲，準確地坐在自己的位置上。

「趙代理，要想做好這項業務，就必須學習這個領域的知識和相關法規。」

組長明確地指出我在工作上缺乏哪方面的知識和技術，也總是把本人的專業技巧傳授給我。如果還是不夠，他就會買該領域的書籍要我閱讀。光就這點來看，他是個了不起的人。

「趙科長，把需要其他單位協助的簽字文件拿過來。」

組長拿起要求其他部門協助卻連續被退件的文件夾。每當專務拿走文件夾之後，都會擺出猶如廟宇門神的表情退件。在這種窘境下，每晚只會喝酒、看起來都沒在做事的組長，於是拿起了文件夾，出發走向該專務的辦公室。

這個案子，本部長之前就說絕對不行了……

就在我憂心忡忡的同時，組長打來了電話。

「趙科長，你可以來一下專務的辦公室嗎？」

我無力地走進專務的辦公室，但專務並沒有擺出肅殺門神的表情，而像是一尊寧靜祥和的佛陀像。組長明明就是要來請專務簽字的，可是關於業務卻是隻字未提，只講了一堆雜七雜八的廢話，笑得十分開懷。專務的辦公桌上放著他喜歡的星巴克咖啡，還有幾樣五顏六色的高爾夫用品。

「這是最近新出的高爾夫用品，一看就是專務的風格，看起來超搭的……」

組長滔滔不絕地講些專務愛聽的話。

專務把文件夾板遞給站在後頭的我，說：

「我已經簽字了，出去吧。」

比起花上多天的時間獨自絞盡腦汁修改報告，掌握簽字者的喜好更重要。就這點來

想而選擇離職，可是真的換了工作之後，才發現現實狀況多半不是如此。我過去換工作的經驗就是這樣。當我以帶著多年資歷轉換跑道，開始新的工作，遇見新的一批人，然後就會不自覺地說出某些類似的話。

「以前的公司都沒有這樣……」

換工作，無法像是看電視購物頻道，或者像網路購物一樣，透過無從得知真偽的心得，只憑別人的說詞就任意做出判斷與決定。假設電視購物頻道上正在販售醬油蟹，螢幕上看起來肉質飽滿，而且主持人也稱讚吃起來很美味，所以就買了一盒來嚐鮮，可是實際收到之後，卻發現沒有別人說得那麼好吃，所以就把它塞進冷凍庫裡。也就是說，我們不能用這種方式來做決定。請記住一個事實：**換工作和網路購物不一樣，是絕對沒辦法退貨的。**

首先，換了工作之後，無論新公司再怎麼差勁，都必須撐過比令人深惡痛絕的當兵生活更長的兩年以上時間，才不會被貼上「社會適應不良」的標籤。因為不管我怎麼看待這家公司，其他人都只會相信新聞報導或別人的心得分享，相信這是一家好公司。沒辦法在這種公司撐下去，最後必須換工作的我，在別人眼中，只會是連好公司都待不下去的魯蛇罷了。實際上當人事主管看到履歷上寫著兩年以下的資歷時，也不會從公司尋找問題點，而會認為應徵者本身有問題。要是沒有小心應對，換工作可能會成為人生全盤翻覆、有勇無謀的行為。但既然這件事攸關自己的人生，他人閒言閒語，又有何妨？

我以過去幾次換工作的經驗為基礎，試著整理出想離職時必須採取的三步驟。你可能會認為這樣做有點自私，但我認為，身為一名上班族，在被公司利用之前，必須先懂得利用公司，所以就在這裡稍微傳授一下妙招。

第一，挑選出有助於你的職涯發展的公司清單。無論薪資條件多優渥，如果在公司沒什麼東西可學，你被利用兩三年左右就可能會被宰掉。假設你是從業界第一的公司換到第二、第三的公司好了，那麼就算你把過去所學的經驗的知識全部傳授給新的公司之後，你有可能就升不了職。因為即便是業界第二的公司，早在你進來之前，內部就已經有許多佼佼者，而且公司自然會比較信任年資長一點的員工。因此，跳槽到清單中與目前公司的水平差不多或好一點的公司為佳。還有，即便是業界第二的公司，也不能保證就比較不會操員工。

第二，換工作之前，先與在你想進入的理想公司工作的員工建立關係。換工作通常都還是在同一個產業，而圈子要比想像中更小，所以可以透過長期人脈管理，與想進入的公司的員工混熟。你必須事先透過他們確認這家公司的整體氣氛、主管的優缺點或性格。因為上班族雖然會在親近的好友面前咒罵自己的公司和主管，但在初次見面的應徵者面前，卻會基於想要炫耀的心態，突然稱讚起公司。舉個更極端一點的例子好了。當你要把熟人拖下水，讓對方也到自己目前置身的這座煉獄工作時，通常都會感到愧疚，所以多半只會在比較不會產生愧疚感的人面前不斷炫耀公司有多好。假如你在業界待了很多年，你想跳槽的公司卻沒有認識的人，在這種情況下，只要判定那家公司沒有和你的個性或能力相似的熟人就行了。說得再更冷靜客觀一些，是與你相似的類型或能力相仿的人都不適合待在那家公司，所以裡面才沒有你認識的人。

最後，是運用你在該公司的人脈，假裝成關係親近的客戶，潛入你想要應徵的小組。只要在辦公室或旁邊的茶水間坐個十分鐘，就能大約掌握那家公司的氣氛。因為你可以直接聽到員工在隔板或玻璃隔板後頭進行哪些對話，從事哪些職務。假如茶水間有很多像是外送餐廳的優惠券、剩下的披薩或便當盒等在辦公室用餐的痕跡，那你就要看出來，別說是維持工作與生活的平衡了，在這家公司，就連要擠出吃晚餐的時間都有困難。你也可以配合下班時間跑到公司樓下大廳看一下。假如大家都若無其事地下班，那就表示這家公司合格了，可是假如大家都把身子壓得比隔板還低，一邊察看周圍動靜，一邊快速溜出辦公室，又或者要去吃晚餐時，整排的人像是大逆不道的罪人被繩索綁住似的，全部都低頭看著地面，甚至沒有半個員工走出來，而是消夜被送進辦公室的話，就代表除了工作之外，這家公司能折磨你的玩意還多著呢，所以不合格。

碰到想換工作時，我就會透過上面的行動守則三步驟，跑到清單上的公司去坐著。跟大家說個祕密，我雖然在現在的公司上班，可是跑到別人的辦公室去的時候，坐得也滿舒適的。經過我親身體驗的結果，就算公司在檯面上看起來很棒，但實際到裡面之後就會覺得沒什麼，就算工作看起來很困難，終究也都是人在做的。有很多在外頭碰面時看起來很友善的人，在公司工作時卻彷彿換了個人似的。到頭來現實狀況就是有一好就沒兩好，假如你非常討厭現在的公司或主管，因此產生了想換工作的念頭，我強力推薦你到別家公司去坐一下。從客觀角度去看，或許你目前的公司和主管可能沒你想的那麼糟。

待辦事項#23

比應徵時的自傳履歷還難寫的是離職信

「離職事由（請具體說明。）」

今天，我又把公司共享區的離職表格儲存在電腦桌面，偷偷打開之後，又擔心有誰會看到，於是急急忙忙地關掉檔案。雖然內心很想隨便寫寫就交出去，但我拿出最後的誠意，先填上了部門名稱和姓名，緊接著就卡在了「離職事由」這個難關。我為什麼要千辛萬苦地進這家公司，現在卻要填寫離職的原因？我試著回想剛進公司時的記憶。

想當初在填寫應徵原因時，不管是投哪家公司，只要把公司名稱改掉交出去就行了，反而是填寫千字應徵動機的部分讓人很有壓力，因為這下我就必須把可以濃縮成「為了錢」這三個字的動機硬掰成長篇大論。可是，辭呈上的離職事由和應徵原因恰恰相反，就算是從同一家公司離職，每個人的原因也都不一樣。還有，就算要求我寫一萬字以上的離職事由，我也可以洋洋灑灑地寫出一大篇，但表格上卻要求我只能寫一百字以內的具體事由，讓我非常困擾。

還有一點，**求職時的應徵動機就像是對不認識的人說謊，而離職信卻像是對認識的人訴說真相，加上心情很像是當著讀離職信的人面前吐口水，所以寫起來就更難了**。最後，我在離職事由上頭寫了「個人因素」，決定對造成我離職的所有理由三緘其口。進公司的原因既然是「為了賺錢」，反過來說，離職的事由就應該是「錢賺飽了」才對，可是我至今不曾看過，也不曾聽過這種離職事由。那麼，至少也要寫上「其他公司給我更多薪水」才對，但實情卻非如此。好，那為什麼我們老是要為了個人因素離職呢？

想提離職的第一個原因，是不喜歡公司的人。儘管待在公司的時間要比在家裡更長，但成員都有彼此的利害關係，所以打從一開始就與不帶任何利害的家人關係不同。假如期待其他公司的人際關係會像家人般親暱美好，那你就太貪心了。就我的經驗，當公司一再強調大家就像一家人時，很多都是假的。還有，公司代表不會因為把你當成家人，就立刻把公司的利潤分給你，又或者當你做錯事時，會像父母一樣既往不咎，所以萬萬不可相信。

想提離職的第二個原因，是因為不覺得自己在這個組織內會有前途。這可以用馬斯洛的需求層次理論來說明。根據這個理論，當一個人的生理、安全、社會、自尊這四種低

你丟掉了原本在公司擁有的八十分幸福，變成不幸的零分。

拋下欲望，配合你的能力做適度的工作，你才能長久擁有幸福健康的職場生活。這麼做對你和家人都好，反過來說，也是對公司好。

PROJECT Ⅲ

是職場還是劇場？電影中的情節不斷上演

待辦事項#01

你知道什麼樣的計畫絕對不會失敗嗎？

「趙科長，原來你早就都盤算好啦？」

組長看著趙科長要去向公司代表做報告的背影說道，而趙科長則是面無表情地轉頭回答：「組長，我不認為這項事業會有失敗的風險，反正它明年一定會成功。」

趙科長搭著電梯來到了位於二十樓的公司代表辦公室。過往趙科長都是待在陰冷的地下一樓工作，所以照進二十樓辦公室的陽光令他覺得格外刺眼。他在祕書的指示下走進了代表的辦公室，發現代表正在陽光的照耀下睡午覺。「啪！」祕書拍了一下手掌，叫醒了代表，而趙科長也開始向代表報告工作事項。報告完畢後，代表翻開了文件夾，猶豫著自己該不該簽名，這時趙科長手裡拿著筆，握住了代表遲遲無法簽名的手腕說：

「代表，戰爭靠的就是氣勢。」

最後代表簽下了名，同意推動新事業，並由趙科長的小組負責執行。

「以前也有過推動藝術等新事業，可是負責新事業的人都喊太累，撐不了一兩個月就都離職了……」

有一天，代表慨歎起過去只停留在討論階段卻不曾執行的新事業，並詢問趙科長對此有何意見。趙科長很有耐心地聽代表把話說完，接著在離開代表辦公室之前開口：

「我突然想起了一個人！是我堂哥他們系上的學弟，名字叫做崔植河，是伊利諾州立大學畢業的，您要不要見見他？」

在趙科長的推薦下，原本在家混吃等死的「崔植河科長」於是有了見到代表的面試機會。面試之前，趙科長把能討代表歡心的人事物編成口訣告訴崔科長。

「崔植河、獨生女、伊利諾州、芝加哥，系上學長金尚武，他是你堂哥。」[1]

崔科長順利通過面試，加入小組。所有人都把新事業的炸彈不知何時會爆炸的不安感拋在腦後，爽領一天比一天高的年薪，過著無比快活的日子。直到某一天，公司代表要到國外出差，趙科長、組長和崔科長三人來到視野遼闊的二十樓開了派對，並盡情地刷了公司的法人卡，在代表寬敞的會議室中飲酒作樂。就在三人忙著花公司的錢享樂的時候，接

1 此處是將電影《寄生上流》中，將「潔西卡之歌」加以改編，本篇也是諧仿該電影之劇情。

到了代表的航班因為天氣因素停飛，出差行程也跟著取消的消息，於是急急忙忙地收拾酒瓶，飛也似的離開二十樓。如果直接搭乘電梯，可能會和代表撞個正著，所以他們像是黑暗中的蟑螂般，躡手躡腳地從緊急出口下樓。正好大樓正在清掃，所以樓梯的地板上滿是汙水。趙科長以兩手提著溼答答的皮鞋，再次回到了不見天日的地下一樓辦公室，而率先逃回來的崔科長與組長，則是以一臉虛脫的表情躺著。組長對著晚回來的趙科長咬耳朵：

「你知道什麼計畫永遠不會失敗嗎？就是沒有計畫。人生絕對不會按照計畫走，所以不該有計畫，這樣就不會出差錯，就算發生什麼問題也無所謂。」

隔天，不曉得公司代表是否察覺到整個小組的狀況，一大早就說要看事業推動進度的報告。為了昨天的事，大家都忙得不可開交。為了討好公司代表，並順利領到這個月的薪水，大家都忙著捏造看起來很樂觀的報告。組長笑著向代表報告新事業時，趙科長發現過去日子過得太安逸，所以沒有處理的資金利息已如雪球般越滾越大，甚至這時才發現客戶已經銷聲匿跡的事實。也就是說，在大家爽過日子的期間，新事業已經將整個公司推入破產的深淵。組長、趙科長和崔科長都因此事遭到解僱，而代表理事則因瀆職罪而站上了法庭。當然，公司也交由法院處置了。

幾個月後，新的公司代表上任，而趙科長在隔壁大樓的同業公司找到了新工作。這次也寄生在新公司的趙科長，一邊看著過往公司的辦公室，一邊像是手裡拿著文件夾，正在向離職之後很難聯繫上的科長報告似的喃喃自語。

「組長，我已經制定好基本計畫。我會好好賺錢，然後第一個把這家公司買下，組長您只要上樓進辦公室就行了。直到那天到來之前，請您一定要保重。」

待辦事項＃02

用比視線還快的手速上呈報告

「好啦～會議可以準備散會了。」

我突然感覺到一股涼意，有一把匕首突然插進了我的胸口。

今天的報告必須拿到每位主管的簽名，不過甭擔心，因為我的手速要比視線快。

我給了專務一份，給了常務一份，給自己一份，接著再給專務一份，然後最後一份給常務。結果，專務突然抓住我的手腕說：

「停下動作，你出老千吧？你故意拿錯我和金常務的報告吧？你當我白癡嗎？」

「您有證據嗎？」

「證據？當然有了。你給了我『最終版本』，但你給金常務的卻是這個，這個不是最終版本_version 2嗎？來，大家看好了，如果我把錯誤的報告交給社長，我的飯碗不就不保了嗎？」

「您是在寫小說喔？」

我才以顫抖的聲音說完，組長就站起來大喊：

「藝林！妳看一下專務的報告！這是不是『最終版本_version 3？』

接著，專務擋住藝林的手，也跟著大喊：

「不准動報告，不然考績會很難看喔。喂，把辭呈拿來。」

「您非得做這麼絕嗎？」

「你不知道報告出錯是會見血的嗎？」

「那我賭上我的工作，專務的報告真的是最終修訂的版本。」

「這小子是江湖郎中在賣藥嗎？那我賭上我累積三十年的退休金，把所有報告全部拿過來。」

會議桌上放好辭呈表格和退休金明細之後，專務露出邪惡的笑容說：

「要開牌了嗎？好，現在要開始確認了。登登～」

翻開報告最後一頁後，專務激動地漲紅了臉，周圍的人都嚇得打了個冷顫。

「最終版本_version 5耶！不是version 2也不是version 3，是version5！」

今天，為了寫一份不知何處是最終版本、何處是長河盡頭的報告，我又不知道自己回不回得了家。

今天的檔案名稱：這真的真的真的是最終版本_ver.13。

待辦事項#03

你能夠為工作夠賭上性命嗎?

「我從十九歲就出社會。假設在那個年紀出社會的人有一百個好了，如今活下來的就只有我一個。」

專務開始訴說起當年勇，故事的背景是韓國才剛走過動盪的民主化過程，一九八八年首爾奧林匹克的吉祥物虎多力尚未出生的時代。他輕輕地閉上眼睛，彷彿看到過往自己全身沾滿油污、辛勤工作的模樣似的，為了洗去那些油汙，於是猛力仰頭大口灌下燒酒。

「我是怎麼走到這裡的?我幹掉那些有出息的傢伙，送走沒出息的傢伙，而像眼鏡仔的叛徒全都被我炒魷魚了。」

專務就像是被電影《老千》[2]的郭老闆附身似的，帶著再過沒多久就要大手一揮翻倒酒桌，大喊「別管之前輸的，押雙倍下去!」的氣勢，沉醉在酒精和自己的成就之中。

「專務果然了不起，令人敬佩，您是我的人生榜樣。」

最後一班捷運已經開走了，我的靈魂對我說:「抱歉我先閃人了」，接著搭著末班車下班去了。既然都這時間了，於是我也呈現放下人生的狀態，不做任何思考，用我的三吋不爛之舌說出助興詞。

「你也能像我一樣為工作賭上性命嗎？我給你提點一下。」

酩酊大醉的專務把臉湊到我的面前，甚至可以感覺到從他的鼻孔竄出的粗氣拂過我的臉頰。專務好像也跟我一樣，沒有多做思考，想講什麼就講什麼。時間已經很晚了，居酒屋內就只剩下我們。「謝謝您，專務！我會為您效忠的。」我一邊回答，一邊想著：**「誰要為工作賭上性命啊？又不是為了找死才上班，還不是為了討口飯吃。」**

事實上，我才不在乎專務要不要提點我，我只想回家洗洗睡。就算現在回家，也只能睡三小時就要出門上班了。雖然很擔心明天堆積如山的工作，但這一刻最讓我擔心的，還是已經累得像條狗的自己，還有在家裡等待我的家人。我知道，無論是專務或是其他人，**在公司裡，沒有任何人能為我的人生和家人負責。**我也知道，為了陪專務喝酒的我，明天遲到或者工作做不好時，大家明知我是因為專務遲到，卻還是會指責我。下面的人是因為上面的人才遲到，大家卻很卑鄙，不敢指責比自己強的人，只敢怪罪下面無辜的人。

---

2 為二〇〇六年由崔東勳執導，講述賭徒的韓國電影。

然而有個人要比現在我眼前的專務更讓人討厭，就是最後一班捷運老早就開走，可是卻遲遲不打烊，只會用單手拿著用保鮮膜包住、上頭沾滿黏糊油污的遙控器，看著天花板角落的老舊小型電視機不斷轉台的居酒屋老闆。幸好代駕司機很快就來了，我用雙手恭敬地關上黑色高檔車的後門，並且鞠了個九十度的躬。在回家的計程車上，緊張感舒緩下來，疲倦感和醉意則是瞬間向我襲來。頭痛欲裂的我不斷地把窗戶開開關關，同時不斷告訴自己：

「我以後絕對不要剝奪別人寶貴的時間，只顧著說我想說的話，不停炫耀自己。」

「那些公司即便是說了也無法替員工負責的話，就乾脆別說了。」

每次碰到酒局時，我就會這樣一再告訴自己，如今除了公司的工作，我幾乎什麼都不說了。我有自己的想法，也有想說的話，可是在別人眼中，我是個沉默寡言的人，所以總是看起來很疲乏無力。事實上，讓我疲乏無力的不是工作，而是「人」的問題，可是大家都以為我是聽命行事、默默工作的類型。

下班時間，專務的黑影再次出現在我面前。

「趙科長，最近工作很累吧？我請你喝杯燒酒如何啊？」

待辦事項#04

會變動的，就只有你我的心

某天的午休時間，從睡夢中醒來的代理卻哭了起來，見到這幅情景的趙次長覺得不太尋常，於是問他：

「你做惡夢了嗎？」

「沒有。」

「還是做了令你傷心的夢？」

「沒有，我做了升遷的美夢。」

「那你為什麼哭得這麼傷心？」

代理擦去臉上的淚痕，低聲說：

「因為這個夢不會實現。」

升遷是一種甜蜜的毒藥。若是能比別人升遷得快，就能領到更高的薪水，還能讓周圍

後來，在某個晴朗的上班日，代理看著隨風飄揚的辭呈說：

「趙次長，那是辭呈在動，還是風在動？」

趙次長連看也沒看，只笑著說：

「不是辭呈在動，也不是風在動，會變動的，就只有你我的心。」

待辦事項#05

公司究竟是什麼？

「公司是什麼？」

「你當上班族的，居然不知道公司是什麼？」

「我當然知道，而且再了解不過了。公司章程第一條第二項！本公司以經營下列業務目的。公司是從事業務的地方！」

許多上班族經常遺忘公司的定義與目的。不，與其說是遺忘，不然說是自行拋開了這件事。這樣的人，總誤以為討好主管就等於把公司的業務做好，而不是追求公司的利益。

而且，隨著時間的流逝，他連這是一種錯覺也忘得一乾二淨。靠著討好主管而升遷的上班族，也會培養出和自己一樣懂得迎合主管的員工，至於工作能力，當然是被遠遠拋到後頭了。由於這個人向來就不是把重點放在工作上，所以根本就不可能靠工作能力來判斷一個人。隨著這樣的員工接二連三地增加，公司的目的和定義也變得不明確，而公司也慢慢地無法做出正確的判斷。

如果有些報告看起來不太好看，會惹火上管，中間就會被「那些人」過濾掉。所以，就算目前進行的專案持續朝著錯誤的方向前進，「那些人」也依然不會在上班時間做正事，只會拿公司提供的加班餐費大口吃肉、大口喝酒，而且因為「那些人」會物以類聚，所以完全不必擔心自己的飯碗，心情總是很愉快。表面上他們是最沒有在做事的一群，可是說到最會裝擔心的，他們絕對是第一把交椅。假設有名員工往上呈交目前公司狀況有問題的報告，「那些人」就會全員出動，斬草除根，徹底封住他的嘴巴。

「哪裡有出狀況？你把證據拿來。」

「把跟這項業務相關的法規都找來。」

「報告的格式怎麼這樣？重新調整行距。」

他們會使用拖延戰術，延遲意外狀況發生的時間，以延長自己的任期或避免在升遷前殺出程咬金。他們用猶如沙粒般輕盈的樂觀說詞，三兩下就掩蓋了猶如岩塊般卡在地底深處、令人堪慮的負面狀況。唯有如此，「那些人」才能讓主管時時保持好心情，也才能延長自己的性命，而公司就這樣逐漸往下沉沒。

管理者、負責人、經營者的職位越高，就越應該接納逆耳忠言，而不是只想聽到好話。即便碰到自己認為絕對不可能出錯的事，也要能重視提出相反意見的員工。主管可能會認為部屬的說法缺乏根據，但部屬要說出這番話，代表他懷著勇氣和信念在思考。相反的，一味對主管說的話點頭稱是、阿諛奉承的行為，可能只是不假思索、習慣性的行為。**唯有傾聽與自己的立場不同的意見，才能重新思考過去經驗上視為理所當然的事情，並做出理性正確的判斷**。看看古代吧，有多少君主是因為無知貪婪、阿諛奉承的奸臣而被推翻？

雖然可能性微乎其微，但假如有一天我成為管理高層，我會在眾人齊聚的會議桌上提出不合理的提案，接著，我會把臉上堆滿笑容迎合我的人都開除。比方說，在我提出「我們公司雖然是汽車製造商，但三天後要開始生產麵粉」這類誇張的指示時，假如有人說：「太好了，這真是個賢明的決定。」我絕對不會放過這些人。

今天我也在開會時被主管訓了一頓，然後抱持著幸福的想像下了班。不過，假如我執意走忠臣逆耳的路線，要不了多久，就會被「那些人」抓出來並加以剷除，最後凌遲致死。

待辦事項#06

你知不知道我是誰啊？

「你們老闆在哪？把老闆叫過來。你到底知不知道我是誰啊？我跟你們老闆可是……!!」

「先生，不好意思，您跟我們老闆是什麼關係？……」

「你們老闆住在江南吧？」

「喔，對。」

「我跟你們老闆可是！昨天才一起吃過飯！還一起去三溫暖！什麼都做過了!!」

「那個……我們老闆是英國人耶，去泡三溫暖好像有點誇張。」

工作上要應對的人多了，就會經常說出如電影台詞般的對話。假如對方不管合約和工作，打從一開始就對我大小聲、劈頭就罵，那我也只能靜靜地聽著，但就算對方已經罵得夠痛快了，只要我一聲不吭，對方就會更火大地對我進行二度攻擊。

「我會把這些全部放到網路上。」
「我會跟很熟的記者爆料。」
「我會到你們公司前面示威。」
「我會告訴我認識的民代議員。」

等到對方說到這個份上了，我的怒氣也開始跟著上來。但就算我滿腔怒氣地站起來，基於過去的經驗，無論我人是站著，是坐著，終究都打不過不分青紅皂白就罵人的人，於是我又再度全身無力地癱坐在椅子上。我以兒時父母對我的諄諄教誨，像是「如果朝對方罵回去，就會變得跟他一樣」或是「我是有教養的文明人」來安慰自己，離開了座位。可是，假如很不幸的，我非得再見到這個口出惡言、滿嘴髒話的傢伙，我就會遵循以下行動方針。

首先，笑著說出根本沒人會信的誇讚。
「多虧社長視我如己出，帶著真心給我建言，我才……」
「社長果然學識淵博，無所不知～」
如果是直接跟對方見面，那就很講究地以雙手握住對方的手。就算對方不是社長，也幫他升級稱呼，直接喊他社長或會長。身體接觸和阿諛諂媚都有助於打開一個人的心房，

酒，接著又以淚水填滿了酒瓶。我好不容易拿到畢業學分，考了多益考試，費盡千辛萬苦才畢業，進入了這家公司，可是對於擁有家世背景的人來說，這家公司大概只是「雖然是不怎麼滿意，可是畢竟得顧慮一下別人的視線，所以就當作是來短暫來上管理課程」的地方吧。在這情況下，我這個猶如山賊般的彪形大漢，職位還只是基層代理，卻有眼不識泰山地跑去威脅人家，她又該有多委屈、多慌張，才會傷心得流淚呢？到頭來，我的無知行為，以讓所有人流下委屈淚水的悲劇告終。

在職場上認真打拚的同時，觀察一下周圍，就會發現有些人比別人升遷得要快。毫無相關經驗、初次見面的人就像是空降部隊般，突然坐上了職等比你更高的位置。假如對此感到委屈不平，或者感慨自己並非含著金湯匙出生，你就會自慚形穢，職場生活也會變得很難熬。碰到這種時候，**暫時放下對工作的滿腔熱情，用冷靜的理性接受現實，心情就會好過許多。因為無論你再怎麼努力，你都注定只是一介身分卑微的員工。**還有，你肯定也很清楚，你的公司絕對不屬於你，因此如果為了自己的父母不是社長而傷心難過、怨天尤人，你也不可能重新投胎，只會變成一個不孝子罷了。

塞倫蓋蒂草原上有一種草食動物叫做瞪羚，只要某隻瞪羚表現得夠好，就能成為同類的頭目，可是牠再怎樣也無法成為真正的王者，也就是獅子。相反的，獅子打從出生那一刻就是獅子，力量再怎麼薄弱，牠也不可能變成瞪羚。假如瞪羚抵抗自己身為瞪羚的命運，假裝自己是一頭獅子，那麼，當牠自以為和獅子平起平坐，在獅子面前喋喋不休地說個不停時，就會招來同類的嫉妒，最後被驅逐出去。還有，牠也會因為自己以下犯上的罪名，落得更淒慘的命運，獨自孤單地被獅子抓去吃掉。所以瞪羚會出自本能地成群結隊，而這也是保住自己小命的安全作法。好啦，身為瞪羚的我們就盡快接受現實，成群結隊地回家去吧。

待辦事項#08

人生就好比是辣湯

「辣湯？不覺得這名稱很怪嗎？如果食材放了魚卵，那就是魚卵湯，如果放了排骨，那就是排骨湯，可是辣湯就只是辣的湯，不管裡面放了什麼，名稱還是辣湯，我覺得不行。」

「早知道就點火鍋類？」

「我只是覺得，人生就像辣湯……根本不知道裡面有什麼……只覺得好辣。」

我和好友就像韓國電影《初戀築夢101》[4]的某一幕，坐在賣辣湯的餐廳喝著燒酒。以前我還是新人時，還說喝辣湯配燒酒感覺很像大叔會有的行徑，可是不知從何時開始，我卻覺得辣湯配上燒酒卻像家常便飯一樣自在。朋友問我：

「你為什麼要上班？」

「我？當然是為了賺錢生活啊，不然還有什麼理由？你想做什麼？」

「我喔，我想環遊世界。」

「求職的時候還在唉聲嘆氣說想工作，現在卻在說什麼環遊世界？少胡說八道了，還是乖乖上你的班吧。」

「上班族就只是上班族，大家都穿著同樣的白襯衫，做著公司的工作，太無聊了。」朋友夢想環遊世界，而我也在不知不覺中搭上了朋友的那班航班。

「那你打算從什麼時候開始？」

「這個嘛，要就要趁年輕的時候，可是現在要工作，所以等到六十歲左右，應該就能去吧？」

「喂，超過六十歲之後可能會生病，還談什麼環遊世界啊。」

「不過，幸好在健康的四十歲左右可能會被公司炒魷魚。剩沒多少時間了，不然就到時候去囉。」

「你是瘋了不成？到時你有孩子要養，正是要砸錢的年紀，那你要靠什麼過活？」

「所以我現在很努力上班啊。」

---

4 二〇一二年上映的韓國愛情電影，創下上映五十三天觀影人數就突破四百萬人次，改寫了韓國愛情電影的觀影人數。

乾燥乏味的現實將兩個人即將起飛的飛機拉了下來，再度回到辣湯餐廳的老舊坐墊上頭。轉眼間我已經出社會超過十年，拔白頭髮的次數也越來越頻繁。過去我在公司上班賺錢的期間談了戀愛、結了婚，也有了小孩，如今我會在新人面前說我跟他們的年紀沒有差多少，而且還很潮，對女團名和最新流行歌曲如數家珍，可是卻因為我那凸出的啤酒肚，於是只能拉高自己的褲襠繼續喝燒酒。我　邊說：「這些小朋友真的能把工作做好嗎？」一邊懷疑起年輕人，但另一方面則是想著：「那個人到底是吃了多少苦，才能爬到那個位子？」並對上面的人產生莫名的憐憫。我就這樣逐漸變成了極其平凡的老頭子，無論是工作、人生都沒什麼樂趣，也沒什麼好說的。如今熟人的訃告要比結婚的消息更令我熟悉，相較於幸福，也對悲傷更習以為常。有了家人之後，比起熱情，更多的是冰冷的恐懼。

早上不想起床的原因不單純是因為想繼續睡，而是因為必須起床上班。假如不必上班的話，討厭起床的理由也就跟著消失了，不過非得起床不可的理由也跟著不見了。思考著必須起床的理由逐一消失的同時，我開始感到害怕，所以就算嘴上一直說不想去公司，今天我還是很努力地爬去上班了。有些人可能會反問：「那起床之後就不要去上班，一直玩樂就好了啊。」可是去上班的話，週末就能起床玩樂，但如果不去上班的話，平常日也別想去上班了。從這角度來看，公司是個既無趣也缺乏個性的地方，但如果當成辣湯一樣，不要管裡面有什麼食材，吃下去就對了，倒也還不算太差。

「上班族？不覺得這名稱很怪嗎？負責照顧病人的是護理師，負責幫人辯護的是律師，可是上班族就只是上班的人，不管在公司做了什麼，都叫做上班族……我覺得不行。」

「早知道就自己創業？」

「我只是覺得，人生就像上班族，根本不知道自己在公司做什麼，反正上班就對了。」

「這傢伙的組長！組長！」

偏偏在演這一齣戲時，組長去了洗手間，結果他手忙腳亂地一口氣跑了出來。我還以為組長看到之後會感到大快人心，但這究竟是怎麼一回事啊？組長先前說要教訓社長，但事到如今卻衝到我面前說：「哎喲！這該死的傢伙打算幹掉社長啊！」

我的士氣大挫，成了天底下的大白癡。

組長也撲上來，一把揪住我的耳朵，邊哭邊說：

「我們社長，我們尊敬的社長，還有做錯事的趙科長。」

組長負責令我不能動彈，而社長則是拿起鞋拔往我頭上猛敲，然而，我並沒有刻意閃躲，而是呆呆地盯著無法看出在想什麼的組長的臉。

「臭小子！你是想讓社長哭著求饒嗎？」

PROJECT Ⅳ

會議和報告，真的一點也不難

待辦事項＃01

在暴怒的主管面前保持波瀾不驚的方法

「到底為什麼不聽我的話!!為什麼!!」

今天，理事一邊敲著桌面一邊大吼的聲音，也猶如沙漠的風吹沙般，穿越他的辦公室門板和眾人之間的隔板，籠罩了整層樓。理事的高喊聲猶如暴風般持續了很久。不久後，組長打開了理事滿是沙塵的辦公室門，走了出來，接著抖了抖袖子，坐在自己的座位上。嗒嗒嗒嗒，組長在隔板的另一頭敲打鍵盤的聲音，使暴風過境的安靜辦公室瀰漫著一股恐怖感。隔板後的組長對著無數繃緊神經的員工露出笑臉，開口說：

「呵呵呵，大家有什麼問題嗎？我什麼事都沒有，呵呵呵，大家安心工作吧。」

在職場上，對我發飆的通常是客戶或主管。換句話說，就是擁有更多主導權或權力的人。這些勃然大怒的人，都以為自己很認真在工作，同時也認為發飆的行為是自己的權限，也是一種理所當然的權利。但是，職場是必須投入有限人力後取得最大利益的地方，因此應該盡可能避免這種不必要、徒增消耗的情緒。**談論工作時，假如對方開始投入「憤怒」的情緒，那麼從這時開始，我也必須強迫自己去想工作以外的事，因為唯有如此，才**

不會讓對方耗損了我的情緒和體力。而且當憤怒的情緒消退後，我也才能快速地集中在工作上，進而避免把這種情緒傳染給其他人的二度傷害。所以不知從何時開始，**只要公司有人對我發脾氣或大吼，我就會讓自己的腦袋充滿「今天中午要吃什麼好呢？」或是「昨天的足球比賽超精彩耶」等瑣碎的想法**。如此一來，對方大吼的聲音就會從某一刻開始變成「嗶——」的耳鳴聲，我的眼球焦點會逐漸模糊，內心也會跟著平靜下來。

如果是在會議室裡，一人對著多人發飆的情況，那應對的方法就更好玩了。當會議室內職位最高的主管在發飆時，我就會盡可能以愧疚的表情翻開筆記本，然後將那人說的話記錄下來。還有，如果把他發飆的樣子畫下來，以後再模仿他的表情，就會變得很有趣。慣性發飆的人都會重複講固定的台詞或露出同樣的表情，因此只要讀一下抄寫的筆記，就能掌握他的既定台詞。如果以那些既定台詞或表情為基礎，在聚餐時模仿那人的語調，那麼就能化解參加會議的組員們的緊張感，讓大家笑一笑。當然啦，必須趁那人不在場時才能使用這一招，因為如果很白目地被當事人抓到，就得像我一樣捲鋪蓋走人了。

當公司有人對我發飆時，如果一心想著我必須為了家人或錢忍氣吞聲，那就會覺得唯有承受別人的怒氣才能賺錢，顯得自己非常悲慘。尤其「怒火」要比「幸福」更容易轉移到其他人身上，所以如果我不斷斷它，所有組員就會跟著陷入不幸。因此，今天我也同樣在公司花了一兩個小時思考「今天中午要吃什麼」以及「昨天觀看的那場足球比賽」。

待辦事項#02

老實地吐露心中對公司的不滿

「請大家坦率且毫無保留地說出我們公司應該改進的地方。」

代表率先開了頭，為了讓大家能暢所欲言，不必看主管的臉色，代表只找了職等相同的員工，展開了對話的時光。大夥兒都很緊張，你看我、我看你，沒人想當第一個開口的人，於是代表笑著說：

「我認為各位就像是公司的腰桿子，少了腰桿子，就無法支撐身體，所以在座的你們都是我們公司最重要的人才。我想聽聽各位誠實與寶貴的意見，所以就從我左手邊依序說一下吧。呵呵呵呵，完全不必有任何壓力，想說什麼就說。」

我是坐在代表的右側，所以幸好還有時間思考，加上別人說得越多，我就有越多內容和案例可以參考，所以感到很放心。「腰桿子很重要，那腦袋和四肢就不重要嗎？」我一邊想著，一邊在內心偷笑，這時第一位挑戰者很豪邁地開了口。

「我們公司似乎也需要彈性工作制。像我們這種中階主管，家中的孩子都還小，所以需要花很多時間育兒，而且上班前又要帶孩子上幼兒園，所以覺得很吃力。」

耐心傾聽的代表似乎深有同感，點頭說道：

「那去找一下同業中員工數差不多的公司中，有哪些公司採用彈性工作制，然後分析一下那些公司執行後的結果和優缺點，之後親自來向我報告。換下一個。」

第二位挑戰者出現了。

「我認為應該替年資淺的員工制定基本工作事項說明。在社員、代理等流動率頻繁的情況下，科長以上的主管要忙著自己的業務，又要研究發展新事業的可能性，抽不出空來。我認為年資淺的員工要能立即投入實務，公司才會快速成長。」

「說得好！我也深刻地體認到這件事的必要性！說得非常好，從今天開始，就由河科長帶頭，負責制定給年資淺的員工參考的業務手冊，之後再來向我報告。下一個。」

從第三位挑戰者開始，似乎也察覺到有什麼不對勁。如果自己為了減少些許的不方便而開口，接下來就會演變成超級不方便的情況。對話內容跟之前沒什麼兩樣，但所有的科長不過說了句話，就多領到一個工作包袱當作回禮。

過了一會兒，輪到我前面那位挑戰者了。

「我認為公司的績效考核和相關獎勵的系統應該要改善。」

這次的挑戰者很機靈，而且一語中的。我心想：「一般行業的員工很難調查其他公司的績效考核與獎勵系統吧？」同時興致勃勃地期待代表怎麼回答。

「原來張科長是對主管的評價有所不滿啊？讓我瞧瞧……你們部門是屬於崔專務那邊的吧？為什麼崔專務會讓你說出這樣的話來？你等一下。」

代表從口袋取出手機，不知道打電話給誰，說：

「喂？嗯，人事組長啊，你和崔專務二點前來我辦公室。」

接著，代表掛斷電話之後，把手機擱在桌面，然後再次看著張科長說：

「好，張科長，現在你可以繼續說了。」

這個意想不到的劇情開展讓人捏了把冷汗，感覺就跟走在薄冰上一樣驚險。更大的問題來了，因為代表並沒有讓下一個人發言，而是開始接二連三地逼問。從遠處看的話，這是一齣可以嗑著爆米花享受的喜劇，但對於身為下一個的我卻是一齣天大的悲劇。緊張的我連連啃咬自己的指甲，思考自己該說什麼才好。面對代表的猛烈攻擊和身家調查，我前面的張科長露出一臉快哭出來的樣子。代表帶著殺氣騰騰的眼神靜靜地看著我，開口說：

「接下來，趙科長你想說什麼？」

我必須說出包含我在內的所有人都不會受害，也不會有任何工作落在我頭上的話才行。假如我說沒有任何不滿，那我前面的所有人都會變成罪人，但假如我有不滿，那我就會變成大逆不道的罪人，然後被凌遲致死。我好不容易才以顫抖的聲音回答：

「啊……我……我我我認為公司附近的餐廳不夠，還還還有加班餐費是八千圓，這樣去麵店就只能吃麵，不能點我想吃的水餃了！」

就連我自己都覺得這是世界上最廢的建議了。在職場上混了超過十年的科長，在這種正式場合上對代表說的話，竟然是要求代表多讓自己點一小碟水餃。我羞愧得恨不得找個鼠洞鑽進去，可是卻只看到無數隻貓咪露出的眼神。「唉……」代表像是遇見了天底下最沒出息的人似的嘆了口氣，回答：

「以後趙科長去麵店時，就請盡情地點水餃吃吧。下一個。」

代表在說「請」和「盡情」時刻意拉長了尾音。對話結束之後，大家邊走出會議室邊嘲笑我：

「當科長的人卻跟代表說什麼水餃，連我都替你覺得丟臉。」

幾個月後，**眾人建議的事項猶如沙灘上被波浪帶走的塗鴉般，自然而然地被遺忘了**。不出所料，說了一大串話、對考核有諸多不滿的張科長離職了。至於我，如今去麵店用餐時，則是可以盡情地點水餃來吃了。

這些人敢如此為所欲為，是因為不會被任何人抓到，或者就算被抓到，周圍也沒有位階更高的人能阻止他。這種錯覺產生誤解，而誤解很快就會招來不信任。

第二種是把公司的錢當成自己的錢，所以一毛錢也不花的類型。他們會說要聚餐，讓組員回不了家，卻要大家平攤聚餐費，甚至只有自己的餐費才用法人卡結帳。碰到工作上要購買的產品，他們會無條件選最便宜的，每件事都要計較成本。好比說，廠商提出報價後，這類人就會估算產品最原始的成本，盡可能壓到最接近的價格。至於客戶在中間過程中所花費的努力和時間的價值，完全不在他們的考慮範圍內。不過，如果每次購買產品時都要對最低價和成本斤斤計較，該公司提供的產品品質就會持續往下掉，品質穩定的廠商也會全部消失。此外，每次購買物品時，都必須和新廠商計較最低價，最後就會造成浪費公司人力和時間的連鎖性反效果。最棘手的狀況，就是當帶有這種思維的人接受顧問諮詢等需要專業知識或經驗的服務。無形商品有別於工業產品，沒有製造成本，也無法與其他商品比較，所以這些人會肆無忌憚地持續削價，導致專業知識的提供者最後給出了亂七八糟的意見。收到這些意見之後，這種人不會認為是自己削價造成的結果，反而會罵廠商沒有實力，同時還會為自己只給了這種廠商很低的價碼，替公司省了錢而沾沾自喜。

隨便花用公司錢的第一種人，只是個人的浪費行為。站在公司的立場上，個人花的錢只算是小錢，而且很容易就被發現，所以公司的損失是片面的。相較之下，第二種人省錢的行為看似是為了公司的利益著想，而且加上他們認為這是自己要扮演的角色，因此並不容易被發現。實際上，第二種人猶如不定時炸彈，會帶來比第一種人更危險的結果。公司會因為這些人而失去長久的廠商，而對公司效忠的其他員工，也會因為這種人老是用小錢來取代人的價值，最後對公司失去信賴，離開公司。

第一種人呢，只要他離開公司，問題就解決了，但第二種人，反而通常是他身邊的員工和廠商全部都離開了，最後只剩他像個忠臣似的留在公司，所以很難根除問題。這是公司長期的損失，也是全面性的損失。**公司的錢，就應該依據業務的目的、必要的時機和預算的範圍去使用。如果能在目的、時機、範圍這三者都符合的狀況下使用公司的錢，它就不是一筆費用，而是一種投資，最後也會以利益的形式收回。**總而言之，與其思考如何勒緊皮帶、什麼東西都買便宜的，不如把這時間投資在如何創造更多利益，這樣就能皆大歡喜。

待辦事項#04

總是被主管罵到臭頭時

「只要我去向理事報告，他就會臭罵我整整一小時。」

我還在當代理時，有個理事每次都只會罵人。無論事大事小，只要是我經手的，他一律都看不順眼。要是我按照理事的指示去做，他就會罵：

「你只會像個傀儡一樣聽命行事，沒有半點自己的創意嗎？」

但要是我多做了，理事又會勃然大怒。

「你為什麼不按照我說的去做？」

好，那如果我少做點呢？

「你連我交代的事情都做不到嗎？你到底會什麼？」

理事就像擊劍選手在刺豆腐似的，一個勁地猛刺。理事這個人很難搞，這樣也不行，那樣也不行，所以我每天過著生不如死的日子。我開始能體會藝人被酸民持續攻擊，最後走上絕路的心情，因為我的處境就和藝人被酸民騷擾差不多。不管藝人做什麼，酸民一律開罵。要是藝人幫助有困難的人，酸民就會罵他是虛偽做作，但如果什麼都不做，就會被罵自私自利。假如藝人在綜藝節目上搞笑，酸民就會說他刷存在感，但如果太過嚴肅，缺乏節目效果，酸民又會說幹麼讓他一直上節目。關於我的每項工作成果，理事說的話就像那些酸民的惡意留言，每次都令我痛苦萬分。

「次長，我好痛苦。以前我都不解藝人為什麼要為了網路惡意留言而自殺，但我現在好像終於懂那種心情了。」

最後，我在茶水間向我的良師，也就是次長申請面談，傾訴了我的煩惱。次長則是靜靜地泡著咖啡，並且若無其事地說：

「趙代理，有些藝人是二十四小時都在被酸民罵，但他們還是活得好好的，而且他們還是被素昧平生的人罵。說不定酸民之中還有小學生呢。」

次長把用來攪拌咖啡的黃色長條型咖啡包從紙杯中取出，吸了一口，接著高高投進垃圾桶，然後繼續說：

「在你一天二十四小時之中，被主管罵的時間佔幾分鐘？大概再長也不到一小時吧？如果用被罵來換算時薪，搞不好你比普通藝人的時薪還高喔。還有，比起被小學生罵，被年紀比你大，還有位階也比你高的理事罵，不覺得好很多嗎？」

次長淡淡地說完，接著端著咖啡走了出去，而我則是獨自留在茶水間收拾心情，試著尋找對付酸民的方法。我看到有篇文章寫，對付惡意留言最好的辦法不是打官司或檢舉，而是「直接刪除」。舉例來說，有個藝人曾為惡意留言所苦，可是實際抓到留言者之後，卻發現他連自己寫過什麼都毫無印象，也因此，就算留言被刪除了，酸民也不知道。**如果你的公司有專門罵你的酸民，那麼就別在意那些惡評，按下自己內心的刪除鍵吧**。在名為「我」的人生報紙中的主角是「我」，而且幸好，具有刪除權限的總編輯也同樣是「我自己」。

待辦事項#05

會議時間的達人才藝秀

「金科長！你流鼻血了。」

在沉重的週一晨間會議上，鮮紅色的鼻血「答、答」滴在了今天臉色看起來格外蒼白的科長的報告上，而組長的眼中則是閃爍著對科長的愛意。科長若無其事地擦掉滴在報告上的鼻血，說：

「我沒事，我應該管理好自己的健康的，大概是週末繼續加班，所以太勞累了。」

在報告上猶如東方蘭花般的長長血痕，化為一抹燦爛的笑顏。過沒多久，科長升為次長，而那天我在宛如戰場的會議室中，親眼見證了「新派」取得了勝利，以及搭上通往升遷的高速列車門票是「同情票」的真理。

我以這門課的知識為基礎，不斷努力想在開會時流鼻血，可是令人不甘心的是，鼻血就像上週買的樂透一樣，中獎的總是別人，好運永遠都不會落在我頭上。可能是因為我每週都只坐在辦公室浪費時間，所以只換來了一顆啤酒肚，臉上也油光滿面。還有，科長升遷時用的那招，如今對組長來說已經不管用了。我認為流鼻血已成紅海市場，持續研究其他能獲得同情票的方法，所以只要到了下班時間，我就會在眼睛下方塗上薄薄的一層黑色眼影。嚴重的黑眼圈掛在我的眼睛正下方，即便我下一秒掛掉也沒人會覺得奇怪。任誰看到那個色感，都會覺得我是「每天都在公司燃燒有限生命的人」，可是就在某一天聚餐時，酩酊大醉的同事大鬧了一場，這件事也因此穿幫，最後我度過了一段非常漫長的黑暗期。

仔細觀察公司的每個成員，就會發現**除了工作能力之外，許多人是靠著自己才有的獨門招數才能長久存活下來，好比挑撥離間、過度忠誠、仗勢凌人，以及踩在別人身上以突顯自己等**。如今看來，對其他人不會造成什麼傷害，只會刺激同情心的流鼻血招數，算是非常可愛的撇步。可是我發現，靠著流鼻血這種招數來守住自己位置的人，幾乎都缺乏自行處理任務的工作能力。這種人只知道流鼻血，但畢竟鼻血不是每天都能流的，所以最後受折磨的還是別人。

公司並不是什麼小學生的才藝表演舞台，也不是為了討好主管，所以大家才齊聚一堂的。與其苦惱如何討好主管，不如把自己負責的工作做好，不給別人添麻煩，如此既能提高自己的自尊感，也能自然而然地給主管留下好印象。當主任的人就拿出主任的樣子，當代理的人就拿出代理的樣子，科長和部長也分別拿出自己該有的樣子，扮演好自己的角色，而代表對待部屬時，如果能盡量遠離拍馬屁的人，公司的根基就會越穩固，而所有成員的生活也會越幸福美滿。

待辦事項#06

在會議當中神遊、滑手機的慘痛教訓

「組長到底又怎麼了？也太過分了吧？」

開會時，看到組長不斷砲轟次長，所以我偷偷打開手機，傳訊息給同事。平常那位同事就很喜歡罵組長，所以我認為這次他也會幫腔，可是我卻遲遲沒收到任何回覆。「看來這傢伙這次也怕了吧。」我邊想邊看了一下手機，結果指尖開始發麻，心臟也開始狂跳不已——我這個白癡，竟然把訊息傳給組長了！當時通訊軟體還沒有刪除訊息功能，而直到會議結束之前，我傳出去的訊息上頭的未讀數字1都沒有消失。開會的這段時間度秒如年，就像把我的雙腿泡在地獄之火中，為我帶來彷彿被火焚身般的痛苦。會議一結束，我趁組長去洗手間的時候，飛也似地衝到組長的座位。幸好組長的手機就放在桌上。

我必須在未讀數字1消失之前！組長回座位之前！組長看到我的訊息之前！打開組長的手機，刪除我所傳的訊息，可是很不幸的是，組長的手機是鎖上的。在那短短幾秒鐘內，我的腦袋閃過無數個念頭。我要不要把手機砸爛？乾脆把咖啡打翻在上頭？如果它是防水的，那怎麼辦？啊，還是砸爛好了？丟到窗戶外面？不行，這樣太明顯了，不然我就用椅腳壓碎手機？頓時千頭萬緒，不知道該怎麼辦的我，趁著組長出現之前，抱著「算了，我不管了」的心情逃到了樓下的洗手間。我坐在馬桶上苦惱，後來傳了訊息給組長。

「對不起，我是不小心的，真的很抱歉。」

過了很久，組長的聊天室上頭的1消失了，但我一直不敢回到座位上。組長自然什麼都沒回，而我就在洗手間待了一小時。口渴到受不了的我，只好拜託同事幫我拿一杯水到洗手間，後來，當同事拿著紙杯出現在洗手間時，我也不知道為什麼，就把這件事告訴了同事。

「噗哈哈哈，我知道事態嚴重，但真的太好笑了。」

同事抱著肚子笑了好久，然後說：

「不過，你打算在洗手間住到什麼時候？趕快出來謝罪吧。」

我很洩氣地偷偷跑回座位，很快就收到組長傳來的訊息。

「趙代理，你跑去哪了？」

這時我才從隔板探出頭來，回答：

「組長，我在座位上。」

組長靜靜地說：

「我們喝杯咖啡吧？」

這聽起來就像是對著過去只會傻傻地吃草、帶著一雙明亮眼珠的牛兒說：「你現在要成為牛排了，所以我們去屠殺場吧。」不久後，隨著沉默一起放在我眼前、顏色特別黑的美式咖啡，看起來就像是組長下賜的毒藥。不，是我希望它是毒藥，這樣我喝下之後就能盡快結束這個窘境。各種想像閃過我的腦袋之際，組長卻不由分說地就先問候我：

「你的腦袋有毛病嗎？」

「對不起、對不起。」

組長依然繼續問候我的腦袋。我帶著快哭出來的表情連聲賠不是，從頭到尾看著地板。這時，隔壁組的組長經過咖啡廳，看到這個嚴肅的場面，於是向組長問了來龍去脈。聽完整個狀況，也看了我傳給組長的訊息，隔壁組的組長說：

「金組長，好歹他在跟別人說組長的時候沒有亂飆髒話，還稱呼你組長，所以你就大人不記小人過吧。就算貴為總統，私底下還不是照樣被大家罵。」

隔壁組長很豪爽地說完就走掉了，多虧了隔壁組長幫忙，組長才稍微消了氣。

「臭小子，上樓去工作！」

組長說完，把我從地獄放了出去。

從那天以後，**我絕對不用電子郵件、公司內部或一般通訊軟體等電子訊息談論別人，還有，因為開會時失誤的機率更高，所以就算再怎麼無聊、再怎麼痛苦，我也不會傳訊息給別人或胡亂分心**。此外，因為說話內容可能會被別人聽見，所以我也盡量不在洗手間、茶水間討論別人的事，甚至人在公司附近時也是。那麼，如果在公司覺得很鬱悶或很怒的時候該怎麼發洩？我會拿出背後空白的紙張，靜靜地寫下或畫下各種只有我看得到的小字和小圖，接著下班走出公司時，我會趁沒人看到時放進碎紙機絞碎。假如有一天我靜靜地在辦公室寫什麼或畫奇怪的圖，那就表示我很火大，在我把它放進碎紙機絞碎之前，絕對不要看我在紙張上寫了或畫了什麼。

待辦事項#07

如何在職場政治圈內當無黨無派之人

「既然你是政治外交系畢業的，對職場政治應該也如魚得水吧？」

應徵某資深人員的職缺時，面試官以嚴肅的眼神問我。

「我不懂政治，所以才會到一般公司上班，要是我很了解政治的話，現在就會是國會議員了。」

聽到我的回答之後，面試官一臉錯愕，而我也發現自己不該這樣說。靠，早知道就回說我不搞政治那些的。

職場內存在著各種派系，第一種是學緣、地緣和血緣，第二種是從「我是哪裡人」到「毫無根據的戶主制度」。我是在大韓民國的某家婦產科診所出生，這是永遠都不會改變的事實，可是有些人說我是人事組出身，有些人說我是部隊出身，還有些人說我是某地區某學校某學系出身。我明明就只出生一次，真不曉得為什麼我會有這麼多身分。第三種派別則是以最敏感的宗教、政治傾向來區分。如果最後再確認一下彼此在公司受肯定的程度，派別勢力也就跟著逐漸穩固。

當一群相似的人形成派別之後，其中混得最好的人會成為公司代表，號召同一陣線的人要成功，並遏止其他派別成長茁壯。然而職場政治和民主社會的政治不同，並不是靠每個人投一張票來選拔代表、上行溝通（upward communication）的組織，反而恰恰相反，是越是追隨並服從權力就越有機會升遷、下行溝通的組織。因此，當主管做出某種行動時，無論該行動是好是壞，他都會盡量避免自己被排除在派別之外。如果部屬不是具備驚人的勇氣，要想說出與位在金字塔頂端的主管相反的意見，怎麼說都很困難。

與其說職場政治是匯集彼此的意見並使公司發展的手段，不如說是為了抵制與位於頂端的主管想法不同的人，並有效控制員工的手段，因此，並不是不讓下面的人成群結黨，職場政治就會消失，而是從上面的人做起，它才可能消失。

今天，公司內仍有無數的人建立派別和政黨，為了讓我加入其陣營而提出問題，而我每一次都會以類似的方式回應。

「你的故鄉在哪？」

「父親的故鄉是忠清道，但現在住在全羅道，母親的故鄉是江原道，但在首爾長大。

妻子小時候住在慶尚道，但現在住在京畿道，而母親是從北方來的，還有我以後很想住在濟州道。」

「你是哪個學校畢業的？」

「我從很普通的大學畢業的。啊，抱歉，突然有緊急電話進來。喂？」

「你信什麼宗教？」

「大學時我曾經短暫和朋友們上教會，可是我母親是信奉天主教，所以小時候曾在教堂接受洗禮、領聖體，而我在當兵時也曾在佛堂獲得法號。」

「你這次要投哪個政黨？」

「我是屬於『不太懂政治黨』。嘿嘿，真不好意思，嘿嘿嘿，突然有緊急電話進來了，嘿嘿嘿嘿。」

今天我又在公司被稱讚是「無厘頭的怪咖」了。為了公司和個人的生涯著想，這可真是一件令人慶幸的事啊。

待辦事項#08

遇到沒肩膀害怕扛責任的主管時

「要是這件事出了差錯，你要負責任嗎？我沒辦法簽字！」

「常務，這件事沒有那麼嚴重……」

「我問你，要是我因為這件事被炒魷魚，你要負責任嗎？我不管啦，你自己想辦法。」

以白色紙張列印的申請表猶如以雙翅在空中飛翔的和平鴿般，在空中飛來飛去。身為一家之主，要照顧我和家人的人生就已經夠吃力了，聽到常務要我為他和他家人的人生負責，光是想像就覺得也太痛苦了吧。直到在空中飄揚的申請表格輕輕地落地之前，時間就像拍攝慢動作般緩慢，而嘆息聲持續在我耳畔迴盪。

人在同一個位置上坐久了，眼中就只會看見一種人生，而恐懼的事情也會增加。職位越高，擔心失去的東西也越多，因此會想逃避做出決定後必須承擔的責任。儘管當那件主管丟包給你、要你自己看著辦的案子取得好的成績時，主管又會突然搖身變成彷彿自己包辦一切的負責人，只是可惜的是，在公司並不常發生這種戲劇性的結局，而且主管也從經驗上深知這種公司的運作法則。

解決方法是這樣的。**第一階段是向主管逐一說明該業務的失敗風險和成功帶來的報酬，再讓他做出選擇**。這就像是戀愛時不應該問說：「要吃什麼好呢？」而是應該問「豬排、泡菜鍋和義大利麵之中，你想吃哪一種？」好讓對方順利地選出菜單。因為客觀的問題要比主觀的問題更容易給出答案。大部分的主管都會在此過程中做出選擇，但假如主管缺乏了用餐的興致，也就是說，假如他對業務本身缺乏興致，這件事就會卡關，這時就要進入第二階段。

第二種方法則是令主管安心。

「常務，請別擔心，我會負起責任的。我是企劃的主導人，怎麼能讓常務您全權負責呢？我們常務就是責任感太強了，真不愧是我尊敬的人物。」

運用一些花言巧語，再以這件事出差錯的機率很低，而且萬一真的出了差錯，自己也會被開除的說法來吸引主管。之所以能大膽這麼說，是因為除非捅下非常大的婁子，否則公司是不會輕易解僱員工的。還有，從現實角度來看，一名負責人也沒有捅下足以危及公司的妻子的能力和權限。倘若部屬不惜一切都想推動某件事的話，通常主管都會批准。假如主管還是不願意批准，那就往好的方面想吧，「原來常務是很珍惜我這個人才啊。」

最後的手段就是直接把待批准的文件丟給批核的主管。這種做法可能有點取巧，不過你可以用電子郵件留下證據，並寫上如果主管在某某時間之前沒有意見，自己就會著手進行。先丟出誘餌，之後就能避免怠忽職守的相關責任。此外，責任也會很自然地回到對方身上，所以就算他不想也得去讀那份文件。

假如以上方法都嘗試過了，主管卻完全沒上鉤，這時就應該盡快承認自己的錯誤，然後放棄那件事或乾脆研究其他案子。假如經過三個階段之後，你仍只會在背後說主管漠視你，那麼十年後的你，很可能就會變得和眼前的那位主管一樣。

待辦事項#09

當主管交辦的業務令人感到痛苦時

「我上次要你去查的事情處理得怎麼樣？」

常務來到我的座位旁，用不太和善的語氣問我。

「我正打算向您報告，現在正在寫報告。」

「都已經過多久了？你是在忙什麼？」

常務明明就只是叫我查一下，又沒具體要我什麼時候去報告。常務說話時就像只是在開玩笑，卻老是要別人先把他吩咐的事情做好，他才高興。

「咦？對不起，我會盡快向您報告。」

「不要又跑去做別的，趕快去查我交代的事。」

常務將雙手揹於腰後，響亮地乾咳了一聲，回到座位時，還深深地嘆了口氣。事實上最緊急的並不是常務要我去查的事情，因為客戶那些「老大」要求的工作已經堆積如山了。再說了，常務要我去查的事情，就算是叫三歲小孩來看，也會覺得這根本只是私事。

「這只是常務您個人好奇的事，不是嗎？這種事就請您回家後自己去做吧。」

這句話雖然已經來到了喉頭，但要是我真把它說出口，我就會成為大逆不道的罪人，而報應也會在績效考核時成為迴力鏢回到我身上，最後我就會被公司驅逐，變成窮光蛋。我必須回答自己為什麼沒有及時向常務報告，但如果說是因為在處理其他業務而耽擱了，聽到的台詞會有三種。

「那件事為什麼是你在做？」

「我說過不要把時間浪費在不重要的事了吧？」

「你昨天幾點回家的？不是很早就回去了嗎？」

總之，很顯然常務會猶如獅子般朝我怒吼。在這種情況下，無論我做任何辯解，聽到任何答覆，心情都會跌到谷底，因此直接說「對不起」，終結這整個情況才是上上之策。

我把這種啞巴吃黃蓮的心情拋在腦後，把常務命令的事情做完之後，最後又得加班了。**如果常務交代的工作沒做，發飆的對象就只有我這個眼前的人，但如果不做客戶交代的事，不僅是我，就連周圍的同事也會跟著遭殃，最後公司就會失去客戶的信賴**。或許是知道我的心情，常務只看了一眼我的報告，就快速地將它翻面蓋住了。報告完之後，走出常務的辦公室的我腳步非常沉重，而回到座位的這段路上盯著我的無數目光令我煎熬。不確定其他人是否知道我每天都獨自留下來加班，但他們彷彿都在罵我：「那傢伙為了討好常務，竟然連那種事都做耶。」

「假如你因此被貼上標籤，那怎麼辦？」雖然也有同事這樣安慰我，但如今就連這種安慰都令我痛苦。我覺得自己變得越來越渺小，而且當這種情況反覆發生，我就真的成了「只在公司做這種事的人」。小孩子只是惡作劇，把小石子丟到小溪裡面，沒想到住在裡頭的青蛙卻被砸死了。希望已經爬到高處的青蛙不要惡作劇，朝著其他青蛙扔石子，而是能回想一下自己還是小青蛙的時期，因為在公司的我們，終究也都只是青蛙罷了。

待辦事項#10

碰上誇口說自己有許多人脈的主管時

「我朋友是某某公司的代表，我只要打一通電話就都解決了。」

我帶著完全沒辦法解決的問題去找專務，結果他很自豪地這麼說。

「那小子是我高中同學，也是我在背後推他一把，他才會出人頭地。」

專務不斷地誇耀朋友，對我問的問題卻隻字不提。直到他拿出手機，給我看他和朋友在高爾夫球場拍的照片，還給我看那人的名片時，我才小心翼翼地開口問：

「原來專務您和那麼知名的人物這麼熟呀，真是太了不起了。請問這個問題該怎麼解決才好呢？依我的淺見，只要專務您跟那位朋友說一聲，應該馬上就能解決了，不知道能不能麻煩您一下呢？」

我話語剛落，原本很高興地拿手機給我看，還不停炫耀朋友的專務卻突然乾咳了一聲，接著換上嚴肅的表情說：

「你在職場上打滾幾年了？每次都只會走捷徑，是怎麼當上科長的？你是不知道當我找朋友幫忙的那一刻，我不就成了讓你無法發揮的主管嗎？你如果老是用這種方式工作，就算現在做起來很輕鬆，往後跟那家公司合作也會很辛苦！」

現在就已經夠辛苦了，所以才會來拜託專務，他卻只興高采烈地炫耀自己有哪些人脈，最後也沒有提出任何解決方案，還把我的職場生活批評得一無是處。而且他竟然說，如果他出手幫忙，我就會變得更辛苦，這聽起來有多矛盾啊！

「我這個職位不是要工作，而是來監督你工作的，假如你過去都是把工作推給別人，用這麼安逸的方式做事，那我對你真的非常失望。」

話一說完，專務的手機正好歡愉地響了起來，而專務則是迫不及待地稍微拿下眼鏡，透過眼鏡的上沿看著手機螢幕，接著用右手食指滑開解鎖鍵，接起電話。然後，他給了我一個「這通電話非常重要」的眼神，同時左手上下晃動，暗示我趕快滾。

當我還是新人時，曾經到偏僻的小都市出差，結果附近有一隻沒被拴起來的狗咬了我的腿。一般的狗看到身材魁梧的我，頂多也只會露出利牙低吼、對著我狂吠，但不會貿然靠近。這時如果我用腳重重跺地，喝斥一聲，大部分的狗都會連連後退，乖乖地回到自家。可是，那天在鄉下咬我的狗既沒有露出利牙低吼，也沒有狂吠，就在我不做他想地靠近時，原本靜靜地待在家裡的狗兒突然衝出來咬我的腿。幸虧牠咬到的是我右邊的褲腳，要是真的咬到我的腿，我就得去打狂犬病疫苗了。

通常狗會狂吠不止的原因，是因為害怕對方，所以才會拉高嗓門，表現得比對方更強勢，但同時牠也是在向周圍的人大聲求救。就像不擅長打架的同學會在打架前用響遍教室的音量大喊：「喂！大家都不准攔我！」可是後來卻穩穩地被來勸架的某個人抓住。真正會咬人的狗或打架的高手，都是毫無預告地直接突擊。

在公司也一樣，能力越差的人，就越喜歡提當年勇、裝腔作勢，一副驕傲自滿的樣子，而且多半他們身邊都有名聲響亮又有實力的老朋友。

「我以前啊……」

「那小子啊……」

當這種天花亂墜的誇大說詞聽久了，新人時期去出差時被狗咬的褲腳就彷彿開始隱隱作痛。聽專務把朋友們稱呼為「那小子」，又說自己跟對方很熟什麼的，就連我沒親自見過那些人，也都因為聽了太多，而開始覺得自己跟他們很熟。從別人的口中得知許多無法親自拜見的人物之後，我也不自覺地開始對新人說：

「以前我跟那小子啊……」

待辦事項#11

我沒接觸過這項業務耶

「我沒接觸過這項業務耶，而且我也不是負責人啊。」

開會時組長才剛交代完工作，金代理就突然瞪大眼睛回答。組長重重地嘆了口氣，注視著地板，之後他抬起眼睛盯著我說：

「那這次由趙代理你來負責。」

假如在這驚險萬分的情況下，我也說自己沒做過這項業務的話，組長手上的文件夾板感覺就會越過某人的腦袋飛過來。到了下班時間，開會時說自己不是負責人的金代理表示自己有約，準時下班去了，而我卻得留下來加班。

為什麼在這種情況下我卻說不出「不」？

「為什麼我沒辦法早點回家，要留下來加班？」

「為什麼我不敢對那位同事大小聲？」

我暗自在內心消化無數個「為什麼我……」的問題，同時堅持不懈地加班了好幾年，而隨著歲月的流逝，我也在不知不覺中升上了組長。

當無數個金代理以「我沒做過，所以做不到」為藉口拒絕時，無論何時何地，受害者總是我。時間久了，「主要負責別人不想做的事情」的形象也跟著根深蒂固，而我也認為自己就是專門負責這種工作的人。當上組長之後，如今落在我頭上的，已經不再是我能獨自完成的工作。就在我和組員們開會討論分工時，有位組員卻一字不漏地說出了十年前金代理那老掉牙的台詞。

「我沒接觸過這項業務耶，而且我也不是負責人啊，為什麼要叫我做？」

隔了十年再聽到這句話，長年壓抑在我心中的憤怒終於爆發，於是我拉高嗓門對那名組員大吼：

「那總統以前就當過總統嗎？你出生之前就知道分工是什麼？」

在組員們都各自回家的深夜裡，我獨自思考著這件事，然後開始覺得今天也一定有位組員感受到我過去的那種憤怒。**「既然過去我都是咬著牙工作，所以你們也要像我一樣才行。」一時間久了，這種態度只會讓我變得更加孤獨罷了**。仔細地思考，就越覺得自己今天的行為，不過是把我過去的痛苦發洩在力量比我弱小的組員身上罷了。

隔天我盡可能帶著愧疚的心情和表情，和組員們再次坐在會議室裡，並且舉出具體的

後腦杓突然被打了一下，在思考是誰打的，為什麼要打你，以及到底有多痛之前，你就會先自動喊出聲一樣，重點是要即時做出反應。要是很不自然地延遲兩秒才發出笑聲，人家就會覺得你是經過思考才笑的，看起來很假，所以秒笑出來是很重要的。如果還能邊笑邊拍桌或者捧腹大笑，做出華麗的反應，那無疑是錦上添花。

「啊哈哈哈，哎喲，我的肚子笑到好痛。這下慘了，我的肚臍眼跑去哪啦？部長您太搞笑了，請趕快替我找找肚臍眼吧，哈哈哈哈哈。」

硬逼自己多笑幾聲，你的職場生活就會過得開心一點。老實說，就算對方不好笑，盡情大笑之後的感覺也還不賴。就像電影《原罪犯》的某句名台詞，只要我笑，全世界就會跟著我一起笑，就算只是硬擠出來的笑容，也同樣能消除壓力。還有，你可以這樣想，「部長也很努力在理解年輕人啊。」

當認為自己還年輕的那一刻，就代表「年輕」對你來說已不是理所當然的存在，而是必須經過思考才能想起它。也就是說，你已經都不年輕了。部長年輕時，想必也曾下定決心不要步上當年部長的後塵，他必然和現在的新人們一樣，喝酒時把同梯的同事和主管當成下酒菜在咀嚼，婚前也必然像最近的年輕人一樣，與現在被大家尊稱為「夫人」的太太談過熾熱的戀愛。部長雖是上一輩的人，但並不表示他就會在歷史悠久的茶館喝雙和茶，在雙方父母安排的相親場合與對象初次見面，還在舉辦結婚儀式時戴傳統頭飾，將象徵白頭偕老的大雁擺在桌上。如今坐上部長位置的人，過去也和自己愛得痴狂的人在相戀之後步入婚姻，並不像現在一樣頂著大肚腩或禿頭，他們也和現在的年輕人一樣有過青春。

就在我忙著尋找遺失多時的肚臍時，會議也在不知不覺中結束了。我找到了自己遺失的肚臍，也替部長找回了遺失多年的青春。走出會議室的同時，我思索著那人的過往歲月，於是理解了為什麼他會若無其事地開那種無聊玩笑。看來，我也在不知不覺中到了那樣的年紀吧。

待辦事項#13

當因為討厭某人而萌生辭意

「你為什麼想換工作？」

坐在正中間、上了年紀的高層面試官一邊摸眼鏡，一邊問了預期中的問題。假如我這時回答：「是因為目前公司的主管討厭我。」那面試官就會認為我主管討厭我一定是有什麼原因，又或者是我不適應組織環境，所以我非說其他理由不可。

「公司的財務狀況有困難，所以想換工作。」

「那麼假如目前公司的財務狀況沒有困難，你就不會來應徵我們公司囉？」

面試官反問，而我則是無動於衷地回答：

「是的，假如目前的公司沒有碰上困難，我就不會來這裡。」

面試官面露驚慌地再次問道：

「那這表示依據情況的不同，你可能會來我們公司，也可能不來，那你現在為什麼要坐在我面前？」

「就像我跟您說的，現在的公司財務狀況有困難。」

叩叩叩叩，面試官帶著一臉氣炸的表情用手敲擊桌面。

「那這不就是說，公司沒有碰到困難，你就不會來了？」

「對，不過現在不就是因為碰上了困難，所以我才來了嗎？」

最後看起來像是高階主管的面試官「砰！」地一聲關上門，走出了會議室，而坐在左右側，看起來像是組長級的其他面試官則問我：

「這位應徵者，您怎麼能這樣說話呢？是把公司當成笑話嗎？」

我非常驚慌失措地回答：

「沒有啊，進來之前要求我說實話，所以我才老實說啊。」

最後我以惹怒面試官的罪名，在面試中被狠狠地刷掉了。

再說說我去其他公司面試的情況。

「這位應徵者，如果你進入我們公司的話，在碰到開發與著手進行新事業時，您會如何做出判斷？」

「什麼？」

面試官問的問題範圍太廣泛了。聽到這個問題的瞬間，我感覺自己就像到海邊去玩，結果眼前突然出現巨浪，狠狠地痛擊我的大腦，頓時整個腦袋都空掉了。老實說這個問題太過沒頭沒尾，甚至讓我誤以為自己應徵的不是科長，而是不小心應徵了高階主管的職缺。面試官把高階主管的工作範圍拿來問我，讓我不禁開始擔心是否應該進入這家公司。驚慌失措的我不斷地撫摸自己的手指，最後回答：

「我的能力還不足以對此做出判斷。如果在座的主管們做出判斷並下達指示，我就會以負責人的身分認真去做。」

一個來面試的人，卻反過來要求身為評審的高階主管做事，於是在這場面試中，我也如波浪迎面般被爽快地刷掉了。

「以後我就乾脆說謊，只讓面試官看到好的一面吧，就算辦不到的事情，我也都說辦得到。」我暗自下定決心，又去了別家公司面試。從我打開會議室的門進去開始，就露出可清晰看到整排牙齒的燦爛笑容，向面試官打招呼。

「謝謝各位高層主管特地為了卑賤的我撥出時間，真是我莫大的榮幸。」

「好的，您請坐。」

「為了我一個人，大家一定是非常不容易才抽出寶貴的時間，加上各位都是做大事的人，光是能在此跟各位見面，我就已經感到很榮幸了……（以下是一堆天花亂墜的台詞）」

「好的，下一位。」

要嘴皮子的路線看來並不適合我，所以這次我又被淘汰了。過去為了找到適合我的公司，我應徵了無數家公司，也參加了許多場面試。我在資歷上稍微動了點手腳，把大部分路上能看到招牌的公司都面試了一遍。**我試過據實以告，也試過誇大其詞，很認真地在每家公司四處張望，直到現在，「非得做什麼事不可」或是「我一定要進這家公司」的信念老早就消失了，只剩下「這種公司還不算太差」的想法而已。**

假如你對目前的公司感到不滿意，那麼試著去應徵別家公司、參加面試也不錯，搞不好見過各種人之後，你就會發現目前的主管比你想像中親切，而且也算是合得來的，還有你目前負責的工作也可能正好符合你的能力水平。另外，你不必因為去別家公司面試時被刷掉就覺得難過或惱怒，只要想成是趁被鄰居的惡狗狠咬之前事先躲開就行了。就算你因為說謊而成功跳槽了，新公司也可能更心狠手辣地咬你一口，因此一定要小心，你的敵人是無處不在的。

寫著「全新開幕」的餐廳，不僅可以品嘗到過去沒嘗過的新口味，而且老闆態度親切，室內裝潢也很乾淨整潔，可是卻很少會有客人光顧兩次以上。

無論是公司還是餐廳，沒有哪種特殊風味是過去沒有品嘗過的。每次看到電視上出現美食餐廳時，來賓們都會不約而同地說：「哇，真的好好吃」，而且頭頂上還有無數顆星星砰砰砰地炸裂，但實際去吃過一次，就會發現根本說不出什麼讚嘆詞。終歸一句話，為了能在職場上長久撐下去，我們必須把傳統老店的智慧當成仿效的對象。

第一，就像傳統老店裡成天飆髒話的奶奶會把壓力發洩在別人身上，找回內心的平靜，**你也不要獨自承擔所有情緒，而是試著發洩在別人身上吧**。第二，傳統老店的菜單選項很少，也不常開發新菜單，所以**你也不要興沖沖地說要嘗試新的事情，而是沉著冷靜地盡好既有的本分**。第三，就像商圈的主導權會輪流轉，最後又會回到傳統老店，你也別在自己的座位上說三道四、埋怨自己是生不逢時，**而應該靜靜地守住自己的崗位**。

如果能把以上三種祕訣放在心上，安靜地過日子，那你就能像傳統老店一樣在公司長久支撐下去。如果你不相信的話，現在就抬起頭看一下躲在辦公室隔板下方的資深老鳥吧。他們明明就沒有什麼特殊能力，只會像滿嘴髒話的奶奶一樣臭罵你，可是待在公司的時間卻比你更長呢！

PROJECT Ⅴ

只有在下班後才看得見的事情

了不做他想去上班的力氣和勇氣，就怕要是自己稍微偷點懶，別說是三十年了，三年後就會丟掉飯碗。

「如果覺得很累，辭掉工作也沒關係！我多賺點回來就好了。」

夫妻倆互相安慰，也說了些大話，但想到假如其中一人真的無法賺錢回來，就不由得心生恐懼。其他人都是怎麼賺錢的？老大睡著之後，我們把放在他書包的學校通知單拿出來看，發現一週後的幼兒園運動會是在平日舉辦，於是夫妻倆默默地你看我、我看你，思考著誰該請假去參加。幸好現在母親還會在我們家和自家兩頭跑，幫忙照顧孩子們，自身難保的不肖子如我，只能懷著愧疚的心情入睡。

隔天，眼見快到下班時間，果不其然辦公室又有電話聲響起。

「對不起。啊……好的，客戶您一定很困擾，覺得非常痛苦吧？」

聽著索賠的客戶講話有如機關槍，我也如機器般加入了毫無靈魂的語助詞，但其實整顆心都在擔心在家裡等待我的孩子們。先下班回家的老婆已經累得像條狗，連妝都來不及卸，就要先忙著照顧孩子們。等到我們輪流洗完澡，用著比當兵時期更快的速度吃完飯後，轉眼間又到了要哄孩子們睡覺的時間。因為每天只能陪孩子一兩個小時，聽到兩個孩子哭鬧時，就覺得格外心疼，但即便如此，聽到兩個孩子吵鬧不止，也總會理智斷線，忍不住發脾氣，直到夜深人靜時，才又獨自在棉被中懊悔不已。如果沒有生小孩，那會怎麼樣呢？假如我們其中一人辭職，也可以過得好好的嗎？現在的我是好父母嗎？當我在現實與非現實之間思考時，孩子們已在不知不覺中停止哭聲，好不容易睡著了。替睡著的孩子剪指甲的老婆，還有在廚房清洗堆積如山的碗盤的老公，兩人都不發一語地嘆了口氣，同時對彼此、對子女、對父母感到抱歉。

天再次亮了，先替肚子餓在哭鬧的老二泡完奶粉，夫妻倆各自焦頭爛額地搭上捷運後，才有餘力思考我們為什麼生活、我們過得幸不幸福等問題。我打開手機的相簿，看著孩子們露出幸福笑容的小臉，試著讓自己懷抱期待——償還貸款的這三十年，應該可以和家人們好好生活吧？是啊，今天回家之後，兩個兒子也會開心地衝過來吧？雖然有小孩，所以過得很辛苦，但也因為有小孩，所以很幸福的一天就這樣度過了。

待辦事項#02

父親的父親，兒子的父親，還有兒子

「爸爸的公司有車車嗎？」

「有哇，爸爸公司的停車場有好多車車。」

「那爸爸的公司也有爸爸的車車嗎？」

「爸爸的公司沒有爸爸的車車。」

「那有誰的車車？」

「有老闆的車車，爸爸不能搭。」

四歲的兒子抽抽噎噎，最後終於放聲大哭。

「哇啊……爸爸沒有車車。」

我好不容易才安撫了不知道為什麼要哭的兒子。

小時候我好像也問過父親類似的問題。

「爸爸在公司的地位高嗎？」

「嗯，爸爸的地位很高。」
「那爸爸底下有幾個人？」
「爸爸底下有兩百個人。」
「那爸爸去公司時，兩百個人都會跟爸爸打招呼嗎？」
「嗯，當然囉！」
我認真地想像有兩百人列隊向我爸爸問好的情景，然後大喊：
「哇！爸爸真的好了不起。」
當時父親僅是基層代理。

某一天，午餐時間大家都去吃飯，我獨自留在安靜的辦公室與電腦螢幕搏鬥，結果父親很難得地打了電話給我。
「爺爺過世了。」
父親的聲音聽起來很冷靜，而我也在關掉電腦螢幕之前，很冷靜地處理往後三天內可能要處理的工作業務。
面對自己的父親過世，父親沒辦法像我那四歲的年幼兒子一樣哇哇大哭，直到前往告別式會場的車上，父親才落下了男兒淚。告別式結束後，在回家的車上，父親又再度落淚。

我一如往常地到公司上班，然後在座位上打了通電話給父親，問他的心情是否平復了，而父親也同樣回到了自己的工作崗位。兩個父親就這樣再次回到自己的位置，彷彿什麼事都沒發生似的。**我曾下定決心不要當個木訥寡言的父親，而要當個坦率說出心聲的父親，但我卻無法遵守這個誓言。也許打從一開始，「坦率」這個詞就不適合父親吧。**

待辦事項＃03

隨著第二胎出生後擔憂卻不增反減

「您之前怎麼能忍受得了？您必須在今天下午訂下手術日期。」

眼見距離第二胎的預產期只剩四天，而我因為疼痛感加劇，於是一大早就到醫院報到，結果醫生說出了有如晴天霹靂的話。

「我太太馬上就要生了，不能等孩子出生之後再動手術嗎？」

「您之前一定痛死了，接下來也會繼續痛下去……到手術之前，真的受得了嗎？」

最後，我一邊扭動著屁股，一邊走出了痔瘡專科診所。因為要是我先動手術，結果老二在我躺在醫院時出生，那可就慘了。幸好老二不偏不倚地在預產期當天出生，而我那事先沒動手術的痔瘡，也彷彿事先說好似的在此時一起爆發。陪著老婆生產一起出力，結果血流不止的老公，最後也急急忙忙地動了手術，但我沒有在肛門外科住院，而是在婦產科病房的陪睡床上鋪了產褥墊躺下。

老二出生前，我每天都在煩惱一大堆問題，包括「怎麼送老大去幼兒園？」「老婆也沒辦法請育嬰假，老二該怎麼養才好？」「來家裡住的保姆薪水比我還高，我要怎麼賺更多的錢回來？」「要是爸爸媽媽外出工作時，保姆虐待孩子怎麼辦？」「今年租約到期之後，就得帶著還在襁褓中的老二搬家了，可是要搬去哪好呢？」「要支付保姆的薪水就夠吃力了，要是房東說要漲房租，那貸款的利息要怎麼還？」

各種擔憂每晚化為噩夢折磨著我，所以我也才會品嘗到痔瘡帶來的火辣滋味吧。雖然老婆和我憂心忡忡，但幸好手術順利結束了。和老婆一起躺在月子中心的我思考了一下，「擔憂」真是個天下太平時才會跑出來搗亂的傢伙，在焦躁地等待老婆生產的那段時間，我根本不煩惱任何問題，一心就只盼望妻兒能平安健康而已。

隨著老二好不容易呱呱落地，替爸爸減輕了擔憂，也讓爸爸的痔瘡消失了，甚至還讓爸爸有機會使用月子中心最高檔的坐浴盆。老二出生這件事讓我明白了**「事情會有轉機」的正面想法能使身心變得輕鬆，還有，偶爾就連擔憂都是一種幸福**。看來我得懷著對辛苦的老婆和老二感恩的心情去使用坐浴盆了。

待辦事項#04

當上父母後才會明白的「父母心」

「老師，我們家孩子就麻煩您關照了。」

我的額頭直逼腳尖，向老師恭敬地行了個禮。繳交幼兒園的報名表之後，我打開門走了出來。掛在門口上的鐘型鈴鐺輕輕晃動，聽起來格外清涼。

「反正還不是要靠抽籤的，何必這麼畢恭畢敬？」

雖然會聽到老婆抱怨，但只要是跟孩子有關的人，我就會不自覺地低下頭，這大概就是所謂的父母心吧。繳交幼兒園報名表的那天，正好也是我想報考的研究所的報名截止日，因此填好研究所的報名表之後，我也在苦惱該不該交出去，後來聽到幼兒園的入學競爭率要比一般研究所高，九個人裡面只有一個能入學，最後我沒有拿研究所的報名表，而是拿著貼著兒子照片的幼兒園報名表轉頭走了。

「我爸爸為什麼不能像電視上那些名人一樣成功呢？為什麼他要當那麼普通的上

班族，每天很晚才回家？一定是因為我爸爸沒有像那些名人那麼勤奮，不然就是沒有才能。」我想起小時候很不懂事地把爸爸拿來跟其他人比較的記憶。回家的路上，我突然有所領悟，**不懂事的孩子要等到成為父母之後，才會懂得父母為自己放棄了什麼。我慢慢地了解父母的心情，所以今天對父母格外感謝與抱歉**。在晚秋冷風的吹拂下，躲在眼鏡後頭的雙眼今天覺得特別冰涼。回到家之後，我脫掉臭烘烘的皮鞋，今天也笑著大喊——

「孩子們～爸爸回來了。」

待辦事項#05

爸爸一切都好，我們家也一切都好

「阿爸，最近沒什麼事吧？一切都還好嗎？」

下班的路上，我打了通電話給父親，即將邁入不惑之年的我，現在還像以前一樣喊父親「阿爸」。

「有什麼好擔心的？我沒什麼事，孩子們都還好吧？」

面對四十歲兒子的問候，年過七旬的父親總是回說：「我沒什麼事。」一九九八年發生亞洲金融風暴，父親從報紙上得知公司倒閉的消息的那天，父親的回答也跟今天一樣，然後若無其事地大聲說：

「爸爸沒事喔，不用擔心，還有很多公司要找爸爸去上班。」

電視上每天都在報導露宿者的新聞，我也很擔心一家人會突然無家可去、流落街頭。幸虧父親很快就找到工作，我們家也平安地克服了艱苦的時期。

最近下班之後，我都會和目前就讀幼兒園、已經很會說話的兒子對話，有一天，我們有了以下對話。

「爸爸今天在公司好辛苦喔，爸爸被罵了，而且還發生了很誇張的狀況。」

「爸爸不能每天都這麼辛苦啦，這樣不行，不可以。」

「爸爸要賺錢，所以沒辦法啊。」

還有一天，我對兒子說：

「就算爸爸很辛苦，每天很晚才回家，但爸爸都是為了賺錢，這樣才能買你喜歡的玩具給你。」

「我不要很多玩具，我比較喜歡爸爸不去上班，跟我玩。」

「可是爸爸還是要賺錢，這樣我們全家人才有飯吃。」

後來，有一天我下班回家，兒子率先開口說：

「爸爸，我今天在幼兒園好辛苦，玩遊戲好累，玩積木也好累。」

「我的寶貝兒子這麼辛苦呀？」

「可是再辛苦，幼兒園也不會給我錢，不像公司都會給爸爸錢。」

看到說完後顯得很傷心的兒子，我完全不知道該怎麼回答，只覺得自己似乎做錯了什麼。就讀幼兒園的兒子給不懂事的爸爸上了一課——爸爸眼中的人生與世界，會直接反映在兒子眼中的人生與世界上。

賺錢很辛苦。

錢讓人痛苦。

在我唉聲嘆氣的那一刻，我的孩子們就會陷入「沒錢的痛苦處境」。就是因為這樣，我的父親才會每次都若無其事地說「爸爸都很好」吧？我以為父親真的一點都不辛苦，一直以來也都過得很好，但其實父親真正希望平安無事的，是我這個不懂事的兒子，以及我們這一家。

待辦事項#06

子女對父母說的話，父母從子女口中聽到的話

「爸爸為什麼要說我？你管我啊！」

坐在安全座椅上的大兒子靠在我的後腦杓上大喊，而正在開車的我，則是雙手緊緊握著方向盤，無法做出任何回答。看到兒子吃餅乾時大聲吵鬧，還把碎屑掉在地上，於是出聲制止兒子的我，這樣算是很嚴厲嗎？是兒子進入了叛逆期？還是我向兒子表達的方式錯了？我該在這情況下為自己讓兒子情緒失控而感到抱歉嗎？還是應該教訓兒子不能這樣對爸爸大小聲？腦袋千頭萬緒，我卻無法做出任何判斷。那一刻，我覺得自己雖然雙手抓著方向盤，卻彷彿在沒有車道、里程碑或紅綠燈，甚至沒人可詢問的路上呆呆地直視前方奔馳。

「我自己看著辦就好，你們明明就不懂，幹麼一直指指點點的？」

直到過去我若無其事地對父母說的話再次浮現心頭，我才明白那些話對父母造成了多

大的傷害。往後要是我的子女越常對我說出這種話，我應該就越無法這樣對待我的父母。

或許，我在父母的心上釘下的無數根釘子，其實是釘在我的心上吧？

待辦事項#07

牙刷的正確位置，以及爸爸的正確位置

為了今年的升遷考試，我今天必須上繳交昂貴學費報名的網路課程，但因為很晚才下班，所以就算了。我在捷運上不斷滑手機，把兩隻眼睛塞進小小的螢幕中，結果覺得頭好痛。回家之後，我迅速地洗完澡，然後讀床邊故事給兩個兒子聽，接著確認孩子跟老婆都睡著之後，再偷偷地下床，享受邊喝罐裝啤酒邊聽音樂的獨處時光。

喝完啤酒，現在該去一下洗手間了。坐在馬桶上的我抬起頭，偶然看到了四色牙刷。是啊，既然都來洗手間了，就順便刷個牙吧。接著，我從固定的位置抽起一支牙刷，可是卻遲疑了一下。這真的是我的牙刷嗎？爸爸的牙刷、媽媽的牙刷、老大的牙刷、老二的牙刷，四支牙刷總是整齊地擺放在「固定的位置」上，以致當我試圖想起自己的牙刷是什麼顏色、什麼種類時，卻發現完全想不起來。既然它在那個位置，應該就是我的牙刷沒錯吧？

我相信自己的直覺，也刷了牙，但同時又覺得不太放心，懷疑是不是拿錯了牙刷。應該不會因為我的牙齒太髒，導致牙刷沒能清除我牙齒上的污垢，反而把嘴巴內的汙垢沾到牙刷上面了吧？會不會是因為我沒有像牙刷一樣扮演好自己的角色？看到牙刷沒有在原來的位置上，就讓我這麼不放心，那麼從棉被中爸爸和老公的位置上偷偷溜出來，拿兒子的零食配啤酒的爸爸，難道就不會良心不安嗎？是啊，既然啤酒喝完了，現在就該回到棉被中我的位置上了，這樣明天才能照常去上班。

待辦事項#08

寫給兩個孩子的第一封信

我希望我的孩子們能了解幸福的三要素是「關係」、「時間」與「擁有」，於是提筆寫了信，但寫完之後發現太長了，不免覺得自己為什麼對小孩子做這種老頭子的行為，於是縮減成簡短摘要。兒子啊，就算你長大之後會認字了，也可能無法理解爸爸說的話，但爸爸、媽媽答應你，就算你無法讀懂，我們也會以身作則，讓你用心就能領會這一切。

第一，爸爸要說的是「關係」。**我們以為自己能決定要和他人建立或斷絕關係，但關係很難靠人的力量去操控**。不過，關係仍會因為人的力量而有所進展或者倒退，因此我們必須付出努力。基於物質目的所建立的關係，就算再怎麼努力，一旦追求的目的消失之後，關係就會變得薄弱，因此不需要為此感到受傷。相較於這種關係，當彼此受傷時，會像鹿群一樣彼此依靠、安慰對方的關係才是珍貴的。因為由物質建立起來的關係，能透過物質再次產生連結，但其他關係一旦斷掉之後就無法回頭了。所以，比起給我們薪水的人或客戶，我們應該善待能讓我們敞開心房的父母、兄弟姊妹、朋友，以及教導人生智慧的心靈導師等。

第二是「時間」。自從你誕生在這世上，你的美麗時光也跟著運轉，但時間並不是無限的，也不會沒來由的總是幸福美滿，而且也沒人能預測時間的終點在何處，**所以我們必須在不知何時會結束的時間內努力獲得幸福**。首先，我們要讓自己健康，還有，就算往後碰到困難，也要像爸爸在前面說的，透過能彼此依靠的關係獲得幸福。別在人生中說出「真希望時間能倒轉」這種無法實現的哀傷話語，因為在悲傷與懊悔之中，年輕的時光流逝得比想像中更快。

第三是「擁有」。當你在世上見到的新玩意越多，就越會想擁有更好更多的東西。電視廣告中出現的玩具、漂亮的衣服、第一名的成績單、金錢、好房子、時髦的汽車等，隨著歲月的流逝，想擁有的數額越大，想擁有的種類也越多。可是，即便在這種物質到手之前，想擁有它的念頭非常強烈，但實際擁有之後，卻發現那份幸福感要比想像中消逝得更快，**所以為了填補稍縱即逝的幸福感**，**人會逐漸渴望更多東西**，**但越是如此**，**擁有能帶來的幸福也就越短暫**。還有，當你擁有得越多，又為了獲得幸福而向他人炫耀，就有可能對無法擁有的人帶來不幸。等到事過境遷，他人就可能對你指指點點，說你這人很庸俗。

讓我們努力擁有美好的心靈與幸福的經驗，而不要汲汲營營於追求物質吧。讓我們去擁有就算拿出來炫耀，也沒人會變得不幸，而是能共享幸福的經驗，像是拍攝優美的照片、閱讀讓內心溫暖的文章、迎接新風景，以及幫助他人，讓大家一起幸福等。建立起互助的關係之後，我們的短暫人生就會迎來更多幸福時光，也能擁有用金錢買不到的有形與無形物品。

待辦事項#09

寫給兩個孩子的第二封信

看著來到世上好幾個年頭的兒子，如今已經歷托嬰中心、幼兒園，進入學校這個更大的團體之中，爸爸、媽媽於是開始思考許多問題，包括自己是否成為了正直的人、該在你們面前呈現什麼樣的面貌，以及給予你們什麼樣的環境。今天，爸爸和媽媽就要來說說我們煩惱過哪些事。

古代的中國有個叫做孟子的聖人，據說他的母親曾為了子女而三次遷徙。他們的第一個居住地是在公墓附近，看到小小年紀的孟子開始模仿抬棺工的行為，孟子的父母親於是搬到了市場附近。可是等到孟子的年紀稍長一些，卻開始模仿起市場商人吆喝買賣的樣子。孟子的父母也不願見到孟子有這些舉動，最後搬到了學校附近，孟子也因此讀起了書。也許正因如此，爸爸、媽媽身邊的親朋好友和電視上才會不斷強調良好教育環境的重要性，讓我們聽到耳朵都要長繭了。在韓國，附近有好學校的社區也都很受歡迎。

「假如客人帶了禮物上門，但你卻沒收下，那麼禮物是歸誰所有？」

「當然是屬於客人的了！」

「那麼，你對我發火，但我卻不收下這些怒氣，那怒氣是歸誰所有？」

如此說來，怒氣終究會回到發火的人身上，而且也只會對他造成負面影響。可是人生在世，生氣多半是由他人而起，或者周遭氣氛使然。但越是如此，就越不能被怒氣牽著走，反而應該露出笑容，人生才不會活得那麼累。在公司上班的爸爸，也覺得要忍住不發脾氣好難。俗話說伸手不打笑臉人，假如伸手去打笑臉盈盈的人，那麼出手的人就會變成壞人，這就是世間的道理。因此，我們不要成為一邊發火，一邊伸手打人的人，而是即便挨打了，也能露出從容的笑容。

第二，要克服恐懼。人之所以畏懼死亡，是因為無法得知死亡何時會降臨在誰的身上，也沒人知道死後會發生什麼事。舉個類似的例子，噴火的龍令人害怕，可是會噴火的瓦斯爐卻不會令人害怕，就是同樣的道理。因為我們知道瓦斯爐如何產生火焰，知道它的用途，也能預測會發生什麼事，所以並不會感到害怕。可是我們卻無法知道龍是怎麼出現，龍的嘴巴為什麼會噴出火來，還有龍又會基於什麼理由向誰噴火等，因此大家才會惶恐不安。為了減少人生中的恐懼，所以即便長大成人之後，我們依然必須持續不懈地學習。為了能夠活到老、學到老，就算上了年紀，我們也要懷抱著謙遜的態度。要是我們怠慢他人，謙遜的美德就會消失，學習也會就此中止，由無知取而代之。隨著內心的恐懼逐漸擴大，我們就會像膽小的狗兒般，變成無論何時何地都會隨便朝人狂吠的人。

最後要克服的是懈怠與懶惰。內心祈求「請讓我中頭彩吧」的同時，最應該先做的不是尋找哪間彩券行最靈，或者請神明報明牌，而是付諸行動去買彩券。彩券都還沒買，就祈禱能中頭彩，這種行為可說是無比懶惰。也就是說，你必須先製造機會。機會不會自己找上門來或自行消失，所以我們必須主動去尋找。**假如我們已經努力採取行動了，卻依然苦尋不著機會，那就必須體認到機會並不是沒有，而是有比我們更勤奮打拚的人先撿走了**。因此，為了尋找機會，我們的行動要比其他人更快速，假如只會怠惰地躺在房間的角落，大聲疾呼現實就像地獄，那就會有人利用這點靠攏，對你說的話點頭稱是，假裝跟你很親近。如此一來，怠惰就會成為他人利用你的工具，任何機會和幸運也不會降臨。

只要能克服怒氣、恐懼與怠惰這三件事，你就能逐漸揮別不滿、痛苦與貧窮，迎來更多幸福，而我們周圍的世界也會逐漸變得美好。雖然爸爸、媽媽是大人，可是也覺得要克服並實踐這三點很難，但儘管如此，我們曾要時時謹記在心，努力活出幸福的人生。

待辦事項#11

不要緊，大家都是這樣地生活著

「我這次買了新車。」

好羨慕啊。

「我這次搬到〇〇了。」

更羨慕了。

「我不久前出國去〇〇玩。」

羨慕到不行。

「我這次績效獎金最高，提前升官了。」

羨慕死我了。

花越多時間跟親朋好友聊天、滑臉書和IG，就越覺得心理不平衡。「叮咚、叮咚」，手機不停有訊息進來，同學的群組聊天室全是有人炫耀自己新買什麼，還有剛才享用高檔美味餐點的照片。我現在是為了什麼生活？我都在做些什麼？為什麼大家都功成名就，我卻老是在原地踏步？我已經厭倦了躺在床上輾轉難眠，窺探別人私生活的行為了。可是，把手機關掉，呆呆地看著天花板，又不知道自己該做什麼才好。空虛的夜晚就這樣度過了，而早晨再度來臨。

今天，我也抱著想和別人一樣精進自己及出人頭地的念頭，走進書店買了心理勵志書。《成功之人的五萬個祕密》《在公司大獲全勝的方法》《職場勝利者的祕訣》，書名雖然講得天花亂墜，但實際翻開閱讀，就會發現內容都半斤八兩。像是每天要閱讀經濟報導，要管理好自己的健康，要持續不懈地提升業務能力。光是做現在的工作就已經累到快升天了，但還是得在凌晨五點起床去上英文補習班。一氣之下，我把購買的心理勵志書隨手丟在辦公桌上，帶著微駝的肩膀和烏龜頸盯著電腦螢幕，直到夜空的星星升起，才一邊拖著沉重的腳步回家，一邊心想：「看來凌晨五點起床運動或上補習班都太強人所難了。」然後心情也跟著盪到谷底。以為一本一萬五千圓的書就能改變人生的我，真是個傻子。

人們基本上都只想呈現自己好的一面，也只想說自己的好話。當他們炫耀自己、集眾人的欣羨目光於一身時，表面上雖神氣無比，但在我眼中卻覺得不太舒服。因為其實每個人回到家之後，都和其他人沒有什麼不同。我們並不會因為在知名廚師的餐廳享用昂貴餐點，排泄物就變得比較有價值或充滿香氣，也不會因為別人住在寬敞的豪宅，就能保證他們的家庭比我的幸福。即便提前升遷、領到績效獎金，上班族的宿命終究都是相同的——誰都不知道自己哪天會被炒魷魚。

把這些提醒記在心上，看到別人的生活時，內心就會輕鬆許多。**到頭來，人生中最令我痛苦的，就是欣羨別人的自己**。假如能不刻意包裝彼此，並退後一步去看自己與周圍的人，內心就會自在一些。不要去迎合他人的眼光和標準，而是像別人看我一樣看待自己，那你就會發現自己也不算太差。沒事的，不去在意也無妨，又不是只有我會拉撒吃喝睡，大家也都是這樣。

待辦事項#12

辭去了工作，獨自出發尋找幸福

「我會消失幾天，對不起。」

好想逃跑。在公司的每一天，都如人間煉獄般痛苦。大家都說，人生就靠一個「忍」字，但這只是自圓其說。最後，我提出了辭呈。為了紓解長期累積的鬱悶，無論去哪都好，我只想一個人靜靜地待著。我把飛機票拿給老婆看，叮囑兒子要乖乖地聽媽媽的話，接著便逃也似的離開韓國，來到了第一次造訪的新加坡。

打從一開始我就像個傻子。因為我搭乘的是夜間的班機，所以一大早就抵達新加坡後，便以昏昏欲睡的狀態坐在濱海灣的咖啡廳內。本以為逃離現實的我會感到欣喜若狂，但回顧我在前公司的職場生活，想到別人都能撐下去，身為一家之主的我卻一身狼狽地逃了出來，不免覺得無比羞愧。不過一天的時間，這份羞恥的心情就讓我陷入了懊悔。這樣的情緒來得措手不及，是我完全沒有料想到的，我只覺得茫然，不知道接下來該如何賺錢。忍耐數年的淚水終於爆發，整個上午我都在座位上痛哭，直到下午，我則是漫無目的地在超過三十度的街上走到臉頰發燙為止。進入飯店房間，緊接在懊悔後頭湧上的，是對家人滿滿的抱歉，我直盯著天花板看，遲遲無法入眠。

第二天早上，我來到飯店附近歷史悠久的小餐廳，把長米、咖哩連同汗水隨便拌一拌來吃，接著搭乘路線最遠的公車到了終點站。下了公車後，我搭上由一名乾瘦老人吃力駕駛，彷彿隨時都會斷裂的木船，進入了不知名的島嶼。我甩掉了在島嶼上迎接我、無主人管束的野狗群，獨自進入叢林中坐了下來。如果能獨自待在一個沒人認識我的地方，內心彷彿就能找到平靜。就在這時，我看到有一隻和我的整條腿差不多大小的爬蟲類，一邊發出踩踏在樹葉上的窸窣聲，一邊從眼前穿越，突然覺得獨自一個人在這很可怕。身體疲憊、內心孤單，自然就想回家了。

想到之後手頭上的錢可能不夠用，所以我也不敢預約太貴的飯店，加上又是逃亡似的搭上飛機出國，所以也無法在床鋪上好好睡上一覺。位於半地下、沒有窗戶的飯店又濕又熱，但幸好第三天有稍微睡著。辭掉工作之前，隔天早上非去不可的公司就像地獄，所以每天晚上都是好不容易才睡著，出國之後，前面已經熬夜兩天，所以我也很快就進入了夢鄉。接下來，我又搭上了不知終點站是哪，看起來路線會跑最遠的公車，結果這班公車跑得太遠，直接穿越新加坡的國境，來到了馬來西亞。但我也不管三七二十一，下車之後依然漫無目的地走著，就在我快中暑倒下之際，幸虧下了場及時雨。街上溢滿了泥水，我的鞋子內滿是泥濘，沒有手臂的老人不斷追著我跑，想要向我乞討。最後我再次搭上公車，回到了沒有窗戶的半地下飯店。

我來到飯店附近，吃了街上販賣的串燒小吃。我被一個很有生意頭腦、臉上掛著大鬍子的小個子大叔唬得一愣一愣，一口氣點了五十根串燒。可能是因為一整天都沒吃東西，所以雖然點了很多食物，但看到堆積如山的串燒之後，心情也好了起來。可是隨著肚子逐漸填飽，我也開始想念起一起吃晚餐的家人，以及一邊喝酒，一邊異口同聲地罵公司的朋友和同事們。

第四天，為了轉換一下低落的心情，我去了有遊樂園的觀光景點，但最後並沒有進去，因為和家人或三五好友來才好玩啊，一個人來能有什麼樂趣？還有，我也發現自己來到了無法獨自享受的年紀了。結果，第四天我也獨自坐在海邊看著儲存在手機內的家人照片，並打了一通視訊電話回去。看到老婆和兒子笑著替無力地坐在海邊的老公和爸爸加油打氣，我又忍不住落下男兒淚。

「爸爸好對不起你們，對不起。」

我替每個家人都買了份小禮物，然後回到飯店之後，立刻收拾了行李。我一大清早就來到機場，第一個辦完登機手續，搭上了返家的班機。前幾天我急急忙忙地逃離韓國，這次我卻急著回到韓國。因為我買的是廉價航空的機票，沒有提供水和任何餐點，所以我忍耐了三小時，最後實在受不了，才花了四美金買了三百毫升的超豪華礦泉水。為了一輩子記住這短暫的逃亡，我寫下了這篇文章。老婆、我的兩個寶貝兒子，爸爸很快就回去了。

待辦事項#13

再累也要去上班的理由

「你每天都在喊累，為什麼還要上班？」

從社長到員工，只要是上班族，就一定會覺得累，可是就算嘴上喊累，也不能說不幹就不幹。因為我們都會怕啊，那就和明明還活著，卻恐懼死後的世界一樣。沒有走過的路令人害怕。即便是喊著「我快累死了」的那一刻，我們也依然活得好好的，即便畏懼死亡，也仍口口聲聲地喊著「我快死了」。

離開公司的那一天起，我就不再是大企業的某某組科長，而只是平凡的趙某，沒有人在乎我擅長什麼，或是從事什麼樣的工作。**因為少了「上班」這個正確答案，我無法預測明天自己會做什麼事。我就這樣成了無法預測的人，也逐漸在社會上成了不穩定的存在，**因此貸款的利息提高了，也得自行負擔醫療保險費。我不斷發牢騷說穿戴起來很不舒服的西裝和員工證，事實上卻等於於守護我、為我提供便利的盾牌和長矛。

東西。還有，我就像在反映自己不穩定的處境似的，遇到其他人時，總會無謂地說出一堆廢話。

上班族總會說不想去上班、很想辭掉工作，但那與憧憬尚未見識過的世界是一樣的。我也曾因為想做某些事而辭掉了工作，但那些到頭來還是與金錢脫不了關係，所以很快就不想做了。我無法戰勝極度的孤單與鬱悶感，最後又回到了公司，而且往後也應該會一直去上班，因為公司真的是一個無憂無慮的好地方。

不想去上班時，不妨請一天假，卸下某公司某小組的代理、科長或組長的職銜，試著當孑然一身的自己吧。接著，在沒有公司的任何幫助下，嘗試獨力賺錢的工作。打零工、代駕、快遞裝卸、餐廳服務人員等，任何做完一天之後就能領日薪的工作都好，試著找一下當你不靠公司的幫忙做了某件事情時，是否會有人為此付出報酬。只要你去嘗試幾天與在公司上班截然不同的經驗，就會深刻感受到現在的公司有多棒。這是我實際的經驗談，也是事實。

PROJECT Ⅵ

大家都是如何從工作中找到幸福？

工作報告#01

「早上遲到時，如果公司打電話來關心，就覺得很幸福。」

H大學附設醫院加護病房・韓姓護士

「聽到病人說沒有不舒服，我就覺得很幸福。加護病房內有許多病患是遭遇到難以想像的意外，也有人以難以康復的狀態等待著死亡的那天，所以對我來說，所謂的幸福，就是不要生病，健健康康地活著。想想看我們在每分每秒所呼吸的空氣吧，雖然平常我們感覺不到它的存在，但只要空氣稍微變差，呼吸就會不順暢，我們也才會察覺到它的存在，不是嗎？

或許，生病正是為了讓我們感受到不生病的幸福吧。一旦身體生病，就會失去過去日積月累的金錢和榮譽等一切物質。金錢？榮譽？你根本沒有餘力去想那些。更令人哀傷的是，當我們生病時，也會拖累身邊重要的人。**現在，當我們為了生活太過忙碌而感到吃力時，也要為此心存感謝。正是因為自己沒有生病，所以才能忙碌，才會感到辛苦。**」

生活用品廠商 Y 公司行銷組・金科長

「你說，看到公司裡只有我一個人努力工作，其他人都在混水摸魚，不會覺得很生氣嗎？碰到這種情況，只要把柏拉圖法則套用在職場生活上，內心就會舒坦許多。所謂的柏拉圖法則，指的就是前百分之二十的暢銷商品占據了百分之八十的銷售總額。

這不僅適用於販賣的商品，也適用於公司的人。全公司百分之八十的銷售額，是由前百分之二十滿腔熱情的人所負責的。碰到業務量很大時，不要去想自己是為了錢工作，而要想成是透過它學習。因為**假如我是前百分之二十認真的員工，就等於我在公司學到的要比剩下百分之八十的人更多**。

假如我在周圍的人令我感到痛苦的時間點，全心全意地集中在我邁向的目標或夢想上，那我認為自己當然能成為前百分之二十的人，而且要想更進一步成為其中的前百分之二也不成問題。」

S建商．崔理事

「想到別人都在工作時，只有我在玩樂，那時是最幸福的，哈哈哈。我認為身為高階主管，不能老是坐在辦公室給底下的人臉色看，而應該不斷在外頭和新的人見面，把新的生意帶回公司才對。講到談生意時，實力固然重要，但一來一往都要靠人，所以人脈更加重要。

事實上，和人交流可以算是工作，也不算是工作，端看你怎麼想。我並不把和人初次見面、打高爾夫和喝酒應酬當成工作一樣困難，只覺得就像在玩樂。我向來都是如此，也可能是我的個性比較奇怪，所以我覺得這種工作很好玩。不過，假如我覺得跟人碰面很不自在呢？那對方也會覺得面對我很不自在。根據自己的想法，**和人交流可以是很幸福、讓人享受的事。只要帶著這種想法工作，自然就能結善緣。**」

綜合建設業G公司財務組．全次長

「在公司的情緒與生活的情緒必須徹底切割才行。重點就在於把公司和自己區分來看。話說起來容易，但做起來真的很難。在我還是當主任、代理的時期……不對，就連科長的時候，我也每天都會被叫去應酬，然後再回公司徹夜加班，週末當然也要加班了。可能就是因為這樣，我在公司時會無法控制情緒，也動不動就發脾氣。當代理時，我每天都會為了工作而發好多次脾氣，結果在吃午餐時，怒氣衝天的我不小心咬了筷子，把門牙給咬斷了。你看，我的門牙到現在還是裂開的，可是你知道我那天是為什麼生氣嗎？好笑的是，我連自己為什麼生氣都想不起來。

公司和私生活必須區分清楚，因為要是太過投入，導致自己的人生像門牙一樣斷掉的話，最後吃虧的還是自己。」

｜設計公司．劉姓設計師

「試著替人生制定長遠的目標，那你就能獲得幸福。無數的上班族都把提高年薪、賺大錢當成自己的人生目標，但不只是上班族，大部分的人都希望能多賺取這種眼前的利益，所以才會為了立刻達成目標，每個禮拜都去買樂透。可是令人遺憾的是，除了中樂透之外，就沒有快速發大財的方法了。為了達到賺錢的目標而眼紅的人，最後就會狗急跳牆去當詐欺犯或小偷，而缺乏這種勇氣的人，就會轉而去碰股票或賭博，然後就連手中的微小幸福也一併失去。

我的目標是到了七十歲時和好友們一起開一家民宿，夢想則是遇見各國的朋友，和他們一起喝杯啤酒，聽著與我的人生截然不同的有趣故事，慢慢老去。為了達成這個目標，目前的我還有時間，就算稍微繞點路也不成問題。因為距離七十歲還很遙遠，在這段時間，我只要充分地感受幸福，一步步向前邁進就行了。

先專心賺錢，以後再拿這筆錢去做自己想做的事，過著幸福快樂的日子，這樣的欲望終究只是欲望罷了，因為幸福並不像金錢一樣可以儲蓄。而且，**若是缺乏未來想達成的目標或夢想，只一心想著賺大錢，反而會使你更加疲憊。如果能懷抱著對未來的幸福夢想並活在當下，此時賺錢的過程也會幸福一些。**」

H銀行．朴次長

「早上遲到時，如果公司打電話來關心，就會覺得很幸福。因為我平時需要擔任窗口，每天都會見到許多不同職業與年齡層的人，可是基於職業上的特性，聊天的主題都是圍繞在金錢上頭，所以即便見到各式各樣的人，多數人的煩惱都差不多，基本上就是怎麼樣才能賺更多錢之類的。因為我已經厭倦了每天都講和金錢有關的話題，所以有一天就對來找我的顧客問了不一樣的問題。我問他們：「您最近看起來很累，是什麼事情你覺得最辛苦？」可是有趣的來了，關於這個問題的答案，每個年齡層的答案竟然都不一樣。十幾歲的學生擔心自己成績無法進步，考不上理想的大學；二十幾歲的學生雖然考上了大學，可是卻擔心多益成績、學業成績不夠好與就業問題；三十幾歲的人為了工作很痛苦而煩惱，還有賺錢之餘，又要苦惱結婚或買房的問題；四十幾歲的人擔心子女、投資，而且工作也不穩定，不知道何時會遭到解僱；五十幾歲的人最大的問題，就是退休後的人生以及健康逐漸走下坡的問題。其中最令我印象深刻的，就是年紀約過八旬的老爺爺說的答案。那位爺爺說，最痛苦的莫過於再也沒有人來找自己。無論是家人或朋友都已經離開，要是連工作和同事也沒了，自己就要面對極度的孤單，這是最令他感到痛苦的事。同時老爺爺告訴我，**隨著年紀的增長，我將會開始懷念年輕時令自己厭煩的一切**，還有當早上遲到時，假如公司打電話過來，那無疑會是最幸福的時候。」

工作報告#02

「聽好了！你的人生、你的想法，全都是屬於你的。」

F環保企業．朴研究員

「你對公司裡的人期待越高，你的職場生活就越痛苦，因為我覺得我對公司裡的人很好。當主管要求什麼，我就會以最快的速度做完並向主管報告，就算沒有利害關係的人拜託我什麼，我也會考慮到和那人的關係，什麼都替他做。可是，當我越是這樣對待他人，越是認為自己對別人很好，就會不自覺地期待別人也同樣對我好，當這份期待落了空，我就會失望透頂。當這種事情一再發生，和人來往就變得越來越困難。

舉例來說，學生時代只要拿出七成到八成的努力，你的成績就會提升，而在職場上，只要付出五成到六成的努力，你就能升職或加薪，可是碰到人際關係時，無論你再怎麼努力，也無法像在學校或職場上那麼容易有好的結果，因為每個人追求的目標和喜好都不同。

光靠我一個人努力，很難在人際關係上拿到漂亮的成績單，尤其是在公司，假如明確地說出：「我和你不一樣」或「我喜歡這個，討厭那個」，彼此就會受到傷害，因此也很難直話直說。所以，在理解別人的心情之前，只靠單向付出的人際關係反而會造成反效果。也就是說，努力的結果有可能比不努力更糟。當然了，你在人際關係下功夫，也可能會有意想不到的人看在眼裡，並向你靠近，不過在現實生活中，這種機率並不高。**幸福的關係，是始於拋下『也不想想看我對你有多好啊』的想法。**」

K企業評價事務所．禹次長

「上班時是最幸福的了，公司之所以有法律和規定，都是為了你著想。我找到的第一份工作，是大家擠破頭也想進入的大企業，所以當時我認為自己出人頭地了。我的能力在第一間公司備受肯定，升遷也比別人快，可以說是前途一片光明，可是我認為自己被公司的框架侷限住了，缺少了能夠大展身手的舞台。直到我三十歲在當代理時，我迫不及待地提出了辭呈，然後就去印尼創業了。因為我認為，過去我在公司累積了客戶和人脈，只要充分運用這點，就算一個人也能成功。我獨自在偏僻的地方度過生死關頭，真的很努力打拚，就這樣做了大約兩年的生意，後來又重回公司當平凡的上班族。

最後回到公司的原因，是為了進入我過去痛恨至極的公司框架。公司有法律和規定，所以你覺得很綁手綁腳、很痛苦吧？可是就在我走出公司、脫離公司這個框架的瞬間，無法無天、不講規定的人便拚命地撲了上來。仔細想想，過去在公司幫助我的人，他們真正幫的不是我，而是我所任職的公司，但以前的我並未認清現實。你能體會當我離開公司的羽翼之後，全世界的野獸全都撲上來撕咬我的感覺嗎？**因為只要是人，所謂的人生都是攸關生存的問題，所以離開公司的那一刻，生存問題就會立即撲向你**。現在你的人生是在公司替你打造的溫室裡，所以你不該覺得溫室讓你透不過氣，而應該懷抱感恩的心。」

F保險新創公司．金代表

「用不著太過擔心，人生怎樣都能走下去。做了就行了嘛，不必太擔心人生啦，船到橋頭自然直。無論是在什麼情況下，只要多做一點別人不太做的事情，你想當什麼大人物都行。你擔心飯碗不保，覺得上班很痛苦吧？不管碰到什麼事情，你的擔憂都不會發生。你試一次就知道了，把你眼前的事情想得單純一點，省下煩惱的時間，按照你的想法付諸行動，這就是通往幸福人生的最快捷徑。

你總是在工作下班之後徹夜苦惱，然後又擔心幾天後別人會說什麼吧？這些都沒必要，你身邊的人沒那麼在意你。別去管那些。**聽好了，不管是你的人生，你的想法，全都是屬於你的。**」

Y不動產科技公司．嚴本部長

「你的幸福取決於你能承受多少壓力。如果是身為一家公司的經營者，就必須具備創意的思維、開拓的精神、衝勁或熱情等特質。**可是想在公司長久存活下來，最重要的是要認清你自己，懂得調整心態**。包括公司的經營者在內，就算組織成員的創意力和挑戰精神再怎麼出眾，假如人都已經坐下來要簽約了，卻還沒整理好自己的想法、惶惶不安的話，能快速地做出決定嗎？還有，就算某個公司成員創下許多輝煌成果、坐領高薪，但假如他無法自行控制壓力，危害到自己的健康，這對組織和個人能帶來正面的影響嗎？畢竟如果無法控制壓力，遲早都會有爆發的一天。

連小事都做不好的人，也成不了大事。唯有從小地方長期耕耘，也才有機會做大事。就像古人說要先修身才能治國，你必須先保有正確的工作心態，公司才會壯大蓬勃。經營公司是如此，人生也是。它不是看誰跑得快，而是看誰能跑得更遠。一定要銘記在心，當你跑得越快，就越容易因為喘不過氣而跑不遠。」

I 旅行社．朴代表

「寬恕很棒，它會帶來內心的平靜。人的快樂與幸福，一切操之在己。感覺這句話好像任何人都能輕易說出口吧？可是能實踐這句簡單的話的人，就只有「特別的人」。直到我下定決心要寬恕為止，我也度過了一段艱辛期。做生意時，會碰到很多你再怎麼打拚都不順利的時候。公司業務發展得不順利，員工還是能領到薪水，但做生意時，只要一個月有幾天不順利，我就沒錢可領了。

開旅行社之前，我也曾經到公司上班，後來跟當時認識的人一起離開公司，合夥開了旅行社。當時我真的很努力打拚，可是深受信賴的合夥人卻捲款潛逃，導致我失去了一切，變成孤零零的一個人。金錢固然重要，但我為過去投入的時間感到惋惜，也對曾經相信我、跟隨我的人感到非常抱歉。我非常怨恨欺騙我的同事，連著幾個月一蹶不振。那股憤怒與冤枉如實地呈現在我的表情上，那些來找我的顧客大概也看出了端倪，於是旅行社的生意也越難做下去。

就在我的事業逐漸傾斜，最後完全倒下之際，是「寬恕」二字點醒了我。客戶來找經營旅行社的我，是為了創造幸福的記憶，但我卻無法滿足客戶的需求，所以生意才會越來越差。也就是說，如果我沒辦法整理好自己的思緒，就會失去客戶。

到頭來，為了替客戶創造幸福的記憶，我必須先幸福不可，而為了做到這件事，首先我必須擁有的心態就是寬恕。寬恕這件事並不容易，每天我都會晨起做一百零八拜，穩住自己的心。推開寬恕這件事，就等於推開自己的幸福。我發現選擇寬恕之後，自己和周圍的人都變得幸福，生意也有了起色。多虧了寬恕，我的事業才得以東山再起。」

我自己，這都是很適合的角色。」

政府機關七級公務員．鄭主務官

「我的腦袋比別人差，所以至少會比別人多努力一小時。從某方面來看，努力就是我的生存方式。從學生時代開始，為了達到理想的學業成績，我就帶著至少要比其他同學多讀一小時的想法讀書。我所知道的，就是為了能像別人一樣活下來，我必須比別人更努力。大學時也一樣，為了像別人一樣取得學分，我會在上課半小時前就先預習，下課後也會立刻複習半小時。就是這些日積月累的習慣，我才得以在這個位置上工作。

承認自己的不足之處是很難的，但深知自己的不足並自動自發地努力，又是難上加難。**承認自己比別人差，並努力填補這個部分，不正是能像別人一樣幸福生活的方法嗎？**」

K電信公司企劃組‧林科長

「幸福的生活，來自於不斷思考與學習。在別人開口問你之前，你可曾認真想過自己何時感到幸福？想做真正令自己幸福的事，就必須不斷思考自己想做什麼，不斷體驗，不斷學習。好比說你想畫畫，也希望說一口流利的英語，同時也想去旅行，那麼就應該思考這三件事裡頭，哪一件事最令你感到幸福。還有，無論是畫畫、學英語或旅行，你都必須親身經歷與學習，才能感受到幸福。假如你認為自己在旅行時最幸福，可是卻沒有在網路上做任何功課，以白紙的狀態到不曾拜訪的國家旅行，那你只會搞得自己一身疲憊，根本幸福不起來吧？因為旅行這個詞雖然讓人心情雀躍，你卻完全無法得知哪裡有美麗的風景，壯觀的遺跡又在哪裡。

想從工作中獲得幸福也一樣，它就跟旅行是相同的。當然啦，公司不像旅行一樣，你很難只挑喜歡的事情來做，但好歹要多方嘗試與學習，你才會知道什麼樣的工作適合自己。**就像假如你沒有親自經歷或擁有類似的經驗，就進入別人都說好的公司，也只做些別人眼中很棒的工作，那麼實際接觸之後，可能就會因為失望而離職**。盡量多思考、累積經驗，才能從中挑出幸福。」

S小型日本料理店．李室長

「我在江南的大型日本料理店擔任主廚時，工作輕鬆，薪水也很優渥。因為那一帶有很多上班族，所以大家可以毫無負擔地拿公司的卡支付昂貴的聚餐費，也經常會招待客戶，加上客人都很懂得禮儀，給小費時也很大方。大部分來大餐廳的客人都不會抱怨食物的味道，而且都是在包廂用餐，所以在廚房的我自然不會聽到客人的不滿。剛開始我覺得這樣輕輕鬆鬆地當主廚很棒。

可是，慢慢地我開始回顧自己。最大的問題在於客人不會告訴我食物好不好吃，所以就算擁有多年資歷，我的料理實力也不見長進。也就是說，我不知道自己做的食物有哪些問題。那時我才明白，光鮮亮麗的工作並不是全部，所以我現在才會獨力經營這麼小的餐廳。和客人近距離聊天，同時要忙著做菜很累，而且可以直接看到客人吃下食物的表情，所以也會很緊張。可是在經營這家小店的同時，我的料理實力進步了不少，上門的客人越來越多，也獲得許多稱讚。從客人的角度來看，**職場生活不也一樣嗎？假如在公司都沒人批評自己，那也絕對不是一件好事。**」

H大學．崔教授

「我很喜歡學習新知與研究，雖然我是一名教授，但依然有很多不懂的事情。教授這個職業最棒的一點，就是能盡情做研究與進修，而沒有金錢的後顧之憂。我跟多數人一樣，當我下定決心要去留學時，也賭上了靠工作存下的所有積蓄。我甚至賣掉了房子才能去留學。不過也幸好身邊有默默支持我的家人，加上我的運氣非常好，留學歸國之後，沒有等太久就順利站上講台。為了達到這個目標，過去我沒有太多時間和家人相處，我經常在研究室熬夜，直到早上太陽升起，才跑到從研究室能看到的澡堂去洗澡，因為當時我的指導教授是個非常嚴格的人。

現在有許多學生的求學過程比我更辛苦，所以我也必須學習新知、不斷精進自己才能教導他們。我對學生來說也是個嚴師，但這是因為我認為唯有如此，當學生們碰到更大的難關時，他們才能自行練就越挫越勇、度過難關的力量。我的指導教授也對我非常嚴格，所以我才能戰勝至今的許多難關，活到現在。」

工作報告#04

「又不是多領幾毛錢，就會比較有成就感。」

S綜合保安公司人事組．鄭科長

「啊！沒錯，培訓課程結束之後，吃泡麵的時候真的很幸福！那是個積雪下到腳踝的寒冷日子。在研修院培訓學員時真的超忙的，要準備資料和上課內容，接著又要忙著準備下一堂課。用餐時間也要替學員張羅餐點，忙到最後，自己連吃飯的時間都沒有。老實說，因為太過緊張，所以也吃不太下飯。等到所有研修行程都順利結束，學員也都各自回去之後，我就在空無一人的研修院做整理。整理完畢之後，我一邊望著滿是積雪、空蕩蕩的培訓中心運動場，一邊來碗泡麵，感覺真的很棒。

這已經是七年前的事情了。工作嘛，無論何時何地都一樣辛苦。可是，有時結束一項大型專案之後，若是能給自己一份小禮物，那些辛苦的記憶就會轉化為幸福。假如把眼前的事情看得太重，遺忘了最幸福的時刻，過去在公司累積的幸福記憶和回憶說不定會感到失落呢。**嘗試從新事物尋找幸福固然重要，但偶爾回味過去的幸福也很棒**，就像七年前我在大雪紛飛的日子享用的那碗泡麵一樣。」

S綜合貿易公司營業組・沈組長

「感覺客戶信賴我時是最幸福的。現在大部分的人英語都很流利，而且在網路上就能輕易取得資訊，所以做貿易並不容易。無論是要引進國外的產品，或者要把韓國的產品銷往國外，都能透過網路輕易知道產品的相關資訊，所以，我必須提供別人無法輕易取得的專業產品才行。想做到這一點，我必須成為供應商，把產品賣給消費者，同時也要成為消費者，向供應商購買物品。一般商業關係是由掌權的甲方與聽命行事的乙方構成，但綜合貿易公司的地位卻屬於乙方中的乙方。這是因為，如果想以更具競爭力的價格供應好的產品，無論是在供應端或需求端，我們都無法成為甲方。

可是在這個圈子打滾久了，我發現做生意和交易的關鍵終究都在於人。剛開始建立關係時，價格是最重要的，可是在這之後，能讓客戶產生多少信賴感更為重要。這就與以便宜的價格賣出好產品，可是假如這筆生意沒有連續性，缺乏事後管理，就無法持續進行交易是一樣的。到頭來，要讓客戶肯定我，靠的並不是讓對方賺多少錢，而是辦事能不能讓

陸軍O師團作戰科長・金少校

「當職業軍人最棒的一點，就是有很多機會可以把我所知道的好東西告訴其他人。把職等放在一旁，彼此互相交流、對話久了，就能感覺到建立起信賴感，大家也逐漸有了改變。剛擔任軍官時，只知道忠誠二字的我充滿了雄心壯志，但同時也愣頭愣腦的，畢竟新官上任就跟初來乍到的二等兵沒兩樣。我真的完全沒想到自己會成為職業軍人。還在培訓時，我的表現並不優異，而且本以為當上軍官後，我很快就會退伍，可是隨著退伍時間逼近，我想了想，軍人不也是一種公務員嗎？我覺得當職業軍人應該也不賴。我就這樣過了超過十年的軍人生活，覺得很充實也很有趣。

認真說起來，軍人也和一般的上班族一樣，需要和主管或部屬建立關係與信賴。以國家之名要求無條件的忠誠與犧牲，老實說對現在的年輕世代缺乏說服力。最近的年輕人都很聰明的，所以不能像過去一樣以職權要求他們服從，反而可能還會招來反效果，甚至波及他人。所以即便是在軍隊，也要以平等待人的方式建立互相信任的關係。要是真的打仗時，彼此缺乏信賴或互看不順眼，結果發生內鬨，那不就很令人頭疼嗎？我的角色就是接觸二十歲世代的年輕朋友，與他們對話，互相信任，幫助他們健健康康地退伍，而且退伍之後仍能朝正確的方向前進。**只要彼此建立起正向的關係，當碰到像戰爭一樣的困境時，**

這些藏在生活某處的關係就會互相產生連結，為所有人帶來力量。」

五星級 J 飯店．尹組長

「這件事真的小的不能再小了，不過如果老公吃完我準備的便當之後稱讚很好吃的時候，那天的心情就會很好。上班時不是非常忙碌嗎？一整天忙下來，根本沒有空暇想到家人，可是多虧有便當這個媒介，午休時間結束後，老公就會跟我聯絡，這時也才想到了家人。早上我也要忙著準備上班，所以在準備便當時，不見得會另外煮配菜，而是直接把家裡吃剩的配菜放入，像是放在冰箱的魚或基本配菜之類的。可是，每天吃完便當之後，老公一定會跟我說謝謝、便當很好吃，並且在公司把便當盒洗好才帶回家。看到老公這麼貼心，所以就算隔天早上覺得很累，我還是會想替他準備便當。一個便當能讓我們想到家人，而且因為很少外食，所以能兼顧健康，加上省下不少餐費，可說是一舉數得。

一個便當就讓我覺得幸福，說起來真有點難為情呢。**跟我們年紀相仿的上班族，大家心目中的幸福都差不多嘛，像是我們家住在哪裡，是幾坪的大樓公寓，年薪多少，靠股票賺了多少，可是我們只會說出數字所帶來的幸福，卻很少用口頭表達內心所感受的幸福。**

如果夫妻之間不去珍惜幸福，它就會被遺忘，如果不表現出來，就很容易不知情或錯過。

即便是微不足道的便當，只要能向彼此表達謝意，用心感受，這種幸福會比金錢帶來的幸福更溫暖。」

工作報告#05

「職場的終點，都是退休。」

L石油化學製造公司．李科長

「是打鼓讓我有動力繼續在公司工作。大學時，我是在樂團擔任鼓手，直到找到工作之後，偶爾我還會到學校的社團教室去打鼓。因為辦公室、住家和學校都距離不遠。我順利地過了一年上班族的生活，接著聽到了晴天霹靂的消息——我要被調到外地去了。雖然那是我一輩子也沒去過的區域，但畢竟是好不容易才找到的工作，我以為自己沒有說不的權利，所以就隻身來到了人生地不熟的外地。雖然分發的地點也不是很小的城市，但在沒有親朋好友的地方獨自生活並不容易。假如我是大學生，至少還可以到學校去結交朋友，但上班族都有家庭，而且大家都只是來工作的，所以很難對他人敞開心房。再說了，原本就住那個區域的人早就都有自己的朋友圈。剛開始我沒有說話對象，獨自在陌生的地方生活，過得很痛苦。下班後打開燈走進黑漆漆的房間時，能感覺到一種無事可做的狀態所帶來的寒氣與寂寥。

就在我已經受不了孤單的職場生活，也已經寫好辭呈，在考慮何時要辭掉工作的時候，讓我繼續工作的動力就是「打鼓」。為了撫慰下班後孤單的心情，我戒掉了每天都會喝的酒，重拾鼓棒，並獲得了隔天再去上班的力量。伴隨音樂打鼓的時候，我就像著迷似的，絲毫不覺得孤單，當音樂快結束時，我整個人也早已大汗涔涔。我和在那裡認識的朋友慢慢變熟，孤單的感覺也減緩不少。我到現在都還會想，假如我為了能在公司闖出成績，從頭到尾只顧著埋首工作，那麼我早就辭掉工作了。當我對人生感到疲乏無力時，是打鼓讓我得以暫時抽離到另外一個世界，也讓我到現在還能繼續上班。」

能源製造業W公司．金部長

「最近我覺得週末去登山時很幸福。我不用勉強自己登上山頂，也不必刻意去找大家都一致推薦的山，然後不管三七二十一就爬上去，而是找適合自己高度的山，按照自己的節奏上山。不要在身體疲累的時候還硬逼自己上山，累的時候就停下來休息，慢慢爬就好。比別人更早登上山頂又怎麼樣？還有，登上對自己而言很吃力的高山又有什麼好處？無論是爬上什麼樣的山，終究都得在日落之前下山。爬山的時候不要影響到自己的健康，悠悠哉哉地上山就行了。

職場生活就跟登山相似。只要從事符合我能力的工作就行了，如果覺得累了，就請個假調節一下自己的步調。假如因為主管發飆，或者害怕失去現在的地位，導致為了想得到更多而過度工作，就會擾亂自己的節奏。失去節奏之後，自信心就會不見，最後就會選擇放棄，或者因健康惡化而不得不放棄。無論是吹噓自己在人人稱羨的公司上班，或者比別人更快速升遷，**職場的終點終究都是退休，就跟登山的終點是下山沒什麼兩樣。**

如果是氣喘吁吁地爬上山，眼前就只會看到地面、石頭和泥沙，但如果抬頭挺胸、舒舒服服地上山，你就能看到周圍的景致和天空，也能大口暢飲爽快的空氣。平心靜氣地爬完山回來，內心就會一片祥和。」

H醫院院務科．吳組長

「只要吃上一口，嘴角就會自動揚起微笑。世界上能夠在轉眼間就讓人擁有好心情的食物並不常見。你知道鮪魚為什麼叫做鮪魚嗎？在韓語中，我們可以把鮪魚二字看成是『很棒』和『垂涎三尺』的結合，所以每每吃的時候都覺得很棒，忍不住垂涎三尺。如果能夠每天吃這種讓人心情好的食物，感覺會怎麼樣？我就曾聽鮪魚生魚片專賣店的經理說過。你知道經營這種餐廳最大的缺點是什麼嗎？就是再也無法覺得自己曾經喜歡的鮪魚美味了。無論是再上等、再昂貴的鮪魚，擔任鮪魚生魚片專賣店的經理久了，每天都吃相同的食物，久而久之就再也不覺得好吃了。一言以蔽之，就是高檔的鮪魚吃到膩了。

如同再昂貴的鮪魚，每天吃也會吃膩，**要是人生每天都很開心，那還能稱得上是人生嗎？那種人生也會讓人覺得膩的。就像偶爾和喜歡的親朋好友見面並吃上一塊鮪魚，快樂的事情也必須是偶爾發生，人生才會覺得幸福。**像這樣聊些雜七雜八的，再來一杯燒酒，不就是幸福嗎？啊，現在想想，鮪魚具有『很棒』和『垂涎三尺』的意思是其來有自啊。」

A化妝品製造公司・黃經理

「感到疲累時，有個人能一起自在地喝血腸湯、喝杯燒酒就很棒。長大之後發現，人的緣分是這樣的，有些人如果不經常聯絡，很快就會遺忘，但也有人許久不見或沒聯絡，反而就會掛念起對方。為了不忘掉容易被遺忘的人，你必須找個好地方去吃好料的，才能留在對方的記憶裡，可是和久未連絡仍會想起的人之間呢，就算不特地吃好料的也無所謂。只要像現在一樣自在地脫下鞋子、面對面坐著，一起吃加入蝦醬的血腸湯，再來杯燒酒就ＯＫ了。就算牙齒卡了芝麻粉又怎麼樣？蘿蔔泡菜的湯汁噴濺到衣服上又怎麼樣？只要像現在這樣輕鬆地吃吃喝喝，不覺得自己彷彿頓時搖身變成總統，明天還會為了國家大事，搭上飛往夏威夷的班機嗎？

不過，**就是因為有偶爾能自在相處的人，所以就算在社會上被人傷了許多次、覺得倦怠疲乏也能支撐下去**。我指的不是打著緊緊的領帶、手拿著手冊，走進座位於江南筆直的德黑蘭路的大樓後，在電梯裡遇見的那些人，而是你身穿短褲坐在眼前有大片原野的鄉下活動中心的涼床上，接著有人自動靠過來坐在你旁邊搧扇子，於是你和他們喝上一杯小米酒。工作累了，還不就是像這樣藉由喝杯燒酒化解，然後繼續生活下去嗎？」

S綜合保險公司．李經理

「幸福，就是有個認為我最棒的人。在保險公司處理交通事故理賠的業務久了，什麼事都會碰到。無論是造成事故的人或受害者，都會為了多領取一點理賠金而和負責的職員吵架。像我明明沒做錯什麼，可是只因為我是保險公司的員工，就得被客戶罵到臭頭。碰到這種情況，就算內心覺得委屈，也得無條件向客戶賠不是，工作才能繼續做下去。這是因為，只要我低聲下氣，就能給我的家人更多。

當我打算趁天還沒亮的時候起床工作，在家打開電腦螢幕時，我那五歲的兒子就會揉著眼睛起床，坐在我的膝蓋上。當我覺得一個人獨自在凌晨工作很孤單的時候，兒子就會帶著惺忪的眼睛坐在我旁邊。兩人坐在一起竊竊私語的時光，說有多幸福就有多幸福，因為兒子以為爸爸是世界上最厲害的人。就算工作時必須當個聽命行事的勞方，但回到家之後，就又搖身變成世界上最棒的爸爸和老公，於是充完電之後，又有力氣繼續工作了。出社會之前，我本來以為自己是天下第一，直到出社會才認清現實，還有結婚生子之後，我努力成為家裡最可靠的支柱，但事實上這也不簡單。一家之主這個存在，總會覺得自己做得不夠好，但就算做起來很難，**為了認為我最棒的家人，還有我視為幸福的事情，犧牲的人生中總有幸福。**」

高中外語老師・姜老師

「要活得平凡都這麼困難了，我們父母養育我也吃了不少苦頭吧？從某一刻起，我們開始工作賺錢、看電視，每分每秒都過得差不多，所以我們變成了每天都在尋找好玩事的無聊大叔。回想學生時代，下課時間跑去福利社，趁打掃時間翻牆去小吃店買炸麻花捲吃，還有和朋友輪流聽卡帶，聽到裡面的磁帶都跑出來了。**那時每天都過著平凡的生活，**

卻覺得歡樂無窮，現在年紀大了，卻理所當然地覺得每天的平凡日常很無趣。

就算平凡，也要懂得尋找小小的樂趣。今天也好好想想看吧。明明跟昨天一樣都是午餐時間，可是今天我不是跟你碰面在聊這些有趣的事嗎？人生中的樂趣就像炸醬麵中的肉塊碎丁，明明老闆說放了很多，但是自己卻找不太到。不過，就算看不太到肉塊碎丁，但實際吃炸醬麵的時候，還是會吃到裡頭有肉的味道，偶爾也會咬到肉，所以你就算每次都點炸醬麵，還是會從找肉塊碎丁中尋找樂趣。平凡的一天很無聊乏味，但你反過來想想，如果這種平凡被打破了，你會覺得幸福嗎？大概十次會有七次，當平凡被打破的那一刻，你會覺得悲傷和痛苦吧？教育學子的工作讓我感觸良多，像是父母都會替孩子擋下悲傷和痛苦，他們會犧牲自己，好讓孩子能夠平凡地長大。從這個角度來看，此時我們的平凡即是幸福，也應該對父母心存感激，不是嗎？」

｜資產管理專門公司・河代表

「對待他人時，無論那人是誰，都要認真地對待。雖然說出來很不好意思，不過剛開始做生意時，我是從十來坪的小辦公室起家的。有別於其他人，當時我要創業的意志非常強烈。我經常做與有別於他人的嘗試，也努力讓自己想出有創意的點子。儘管現在也還在努力，但當時我以為那就是人生的全部。我失敗許多次，覺得為什麼大家都沒發現我的實力和心意，士氣大受打擊，也遍嚐人情冷暖。

剛開始覺得困難，但讓我下定決心持續做下去的，反而是和人見面。發現這件事之後，每次我和人碰面時，無論他們的地位高低，是否坐擁萬貫家財，我都會努力以真心以待。我不去計算他們是怎麼找上我，而是告訴自己，就算不是現在，遲早他們也會成為我的客戶。我不會挑人，每個來找我的人都很珍貴，要是在路上見到有一面之緣的人，我就會主動先去跟對方握手寒暄。長時間下來，慢慢地開始有人記得我，找上門來，然後他們又介紹熟人給我認識，所以就一直做到了現在。**當我認真對待他人時，他們就會尊重我，而牽起的所有緣分，也讓大家都變得幸福。**」

結語

也不是這樣子就會有所改變

鬧鐘並沒有響，我卻很自然地就醒過來了。其實我也沒有事先設定手機鬧鈴，今天睡覺時也沒有接到任何電話或電子郵件。昨晚打開的加濕器噴出了水蒸氣，一絲陽光從拉上的窗簾縫隙透了進來。我覺得陽光彷彿在悄聲告訴我：「我為了滿身疲憊的你戰勝徹夜的黑暗，替你照亮了今日的早晨」，於是起身打開了窗戶。冰冷的空氣在房間內擴散開來，我再次回到棉被中躺著，只露出頭來。棉被中的溫暖與從窗外竄入的清風香氣相遇，帶來一種彷彿拿鐵咖啡泡沫般輕柔的觸感。

身穿睡衣的我，披上一件柔軟舒適的外衣，然後穿著拖鞋走到了外頭。在鋪著金色草坪的庭院盡頭，有一張木製的長椅，被陽光曬得恰好溫熱。我坐在上頭，聆聽從遠處傳來的波濤聲。剛開始，捲上岸的波浪聲聽起來都差不多，但聽久了，就會發現它們的聲音與大小都有些微不同。在陣陣波浪聲之間，附近的孩童天真浪漫的笑聲，猶如灑在甜甜圈上五顏六色的配料。偶而飛來的白色海鷗，以及遠方穿越左右視野的小型馬達快艇，讓我的雙眼有了不無聊的景致可欣賞。我喝了一口裝在保溫瓶中的熱咖啡，從背包中取出裝在牛皮紙袋的麵包。麵包還是溫熱的，當我用手撕下時，能感覺到柔軟的觸感，接著它便露出了白皙的內裡。咖啡香、樸實無華卻質地柔軟的麵包觸感，與陽光、波浪和小小的幾片雲朵很是相襯。

我打開了筆記本，也取出了鉛筆。儘管筆尖又粗又短，但因為有厚厚的筆芯，所以不必下手太重，也能輕易在略為硬挺的厚實紙張上頭作畫。我把眼前看到的風景，還有自己想畫的都畫了下來。若是我想多看幾眼海鷗，那麼多畫幾隻海鷗進去也無妨。因為我不需要將畫給任何人看，所以畫不好也沒關係，想做什麼就畫什麼。我是為了聽鉛筆與紙張相遇後彼此說悄悄話的沙沙聲，是完全為了我自己，所以才畫了這張畫。

當我在辦公室感到煩悶的時候，就會在心中做這種想像。光是像這樣書寫或閱讀文章，我就會覺得自己彷彿去了位於海岸山丘上的小房子，在裡頭作了幅畫回來。在辦公室工作久了，就會感覺不到所有事物的本質。我是為了賺錢才起床，為了賺錢才配合午餐時間吃飯，為了賺錢才去見其他人，為了賺錢才喝咖啡與休息，當所有目的與方法都與賺錢綁在一起的瞬間，聲音成了噪音，香氣則僅是一種味道。我那無法去盡情觀看、聆聽、品嘗的五感，只能產生「不舒服」這種片面的感覺。遺憾的是，現在公司的人都是為了賺錢才來到這裡，所以我們所有人都對自己，也對彼此感到不舒服。不只是你這麼想，你身邊的所有人也都有類似的想法——「我現在好像身上穿著不適合我的衣服。」

包含此時在撰寫、閱讀文章的我在內，所有上班族都對彼此感到不舒服，也同樣都覺得痛苦。當熟悉的不適感再次襲來時，去想像自己想感受的情緒、自己想去的地方，將它們寫成彷彿歷歷在目的文字，被卡在辦公室隔板內的鬱悶心情就會好過一些。希望透過我不足的經驗和文章，能讓所有身處公司的上班族獲得短暫的心靈休憩時光。事實上，就算像這樣讀寫文章，雖然不見得能改變什麼，但詩人朴濬曾說過，一起感受，就能帶來些許力量。

前往公司的路上我絕不用跑的

作者 | 趙熏熙
譯者 | 簡郁璇
責任編輯 | 蔡亞霖
封面設計 | DIDI
內文編排 | 黃雅芬

發行人 | 王榮文
出版發行 | 遠流出版事業股份有限公司
地址 | 台北市中山北路一段 11 號 13 樓
劃撥帳號 | 0189456-1
電話 | (02) 2571-0297
傳真 | (02) 2571-0197

著作權顧問 | 蕭雄淋律師
2022 年 9 月 1 日 初版一刷
定價 | 新台幣 380 元
缺頁或破損的書，請寄回更換

ISBN | 978-957-32-9644-7
YLib.com 遠流博識網 http://www.ylib.com **E-mail** | ylib@ylib.com

밥벌이의 이로움 : 일어나자 , 출근하자 , 웃으면서

前往公司的路上我絕不用跑的 / 趙熏熙作 ; 簡郁璇譯 .
-- 初版 . -- 臺北市 : 遠流出版事業股份有限公司 , 2022.08
面 ; 公分
ISBN 978-957-32-9644-7(平裝)
1.CST: 職場成功法 2.CST: 生活指導 494.35 111009623